生活在北极和南极的动物

北极动物

北极燕鸥

北极熊　驯鹿　北极狐　旅鼠

靠近北极的苔原地区，生活着驯鹿、北极狐、麋鹿、旅鼠等哺乳动物。到了夏天，冰雪短暂融化，地表外露，会有大雁、海鸥等候鸟在此繁殖，筑巢。

北极熊
皮下有厚厚的脂肪层，用来维持体温。

南极

　　南极的冬季气温可达零下 70℃，夏季的最高气温也不过零下 30℃。一年四季多风，外加气候严寒，因此与北极相比，在南极生活的动物种类并不多。

白鞘嘴鸥
南极海鸟中唯一没有脚蹼的一种。

帝企鹅
南极企鹅中体形最大的一种。

韦德尔氏海豹
全身无毛，脂肪层很厚，起到了很好的保温效果。

帽带企鹅
脖子底下有一道黑色条纹。

南极
Antarctic

朝鲜半岛 ×60 = 南极大陆

特征

60个朝鲜半岛面积的巨大大陆
北极由海洋构成，而南极是一片被冰雪覆盖的巨大大陆。南极大陆的实际面积比欧洲或大洋洲的面积还要大。

更加寒冷的南极
- 南极由大陆构成，昼夜温差大，属于大陆性气候
- 冬季气温零下70℃（大陆高原地区）
- 夏季气温零下30℃

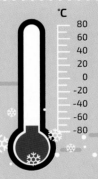

被海洋包围的
大陆——南极

住文化

地理环境不适于人类定居，没有原住民，只有研究人员居住在南极的科考站内。

南极的冰川约占地球冰川总量的90%，特点是比较平直，呈白色。

地中海 ×5 = 北冰洋

地理

被北美洲和亚欧大陆包围的巨大海洋

北冰洋的面积约为地中海的 5 倍，约占全世界海洋总面积的 3%。
北极有巨大的漂浮冰体，它们是由北冰洋周边的海水冻结形成。

气

寒冷的北极

- 北极受到由低纬度地区汇入的暖流影响，海洋性气候明显
- 冬季气温零下 30℃～零下 40℃
- 夏季气温零下 10℃

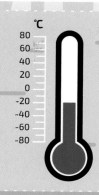

被大陆包围的海洋——北极

因纽特人等北极原住民在这里繁衍生息，拥有独特的生活方式，并孕育了独特的文化。

居民和居

北极有很多浮冰，它们是冰川融化掉落的。
大部分的冰川形状不规则，呈蓝色。

冰

北极燕鸥
在北极繁殖，小鸟长到一定程度，就迁往南极度夏。

北极

　　相对南极，北极地区具备动物生存的条件。到了夏天 7、8 月份，大部分地区冰雪融化，气温虽然还不到 10℃，但较温暖的气候会持续较长的时间。

北极兔
冬季身体背面会换成白毛，以躲避北极狐的猎食。

麝牛
全身被长毛覆盖，用以御寒。

北极狐
全身的毛 70% 为绒毛，保温效果出色。

鲸
数百只成群生活。

南极毛皮海狮（南极海狗）
外毛坚硬，可以防水；里毛柔软，起到保温的作用。

南极动物

帽带企鹅　海狗　韦德尔氏海豹　白鞘嘴鸥　鲸

在南极地区生活的动物，除了众所周知的企鹅、鲸，还有海豹、海狗、白鞘嘴鸥等动物，它们主要分布在气温相对较高的海岸附近。

Britannica®

大英儿童漫画百科

⑬ 神秘极地大冒险

〔韩〕波波讲故事／著　　〔韩〕金德英／绘

章科佳／译

湖南少年儿童出版社
HUNAN JUVENILE & CHILDREN'S PUBLISHING HOUSE

ENCYCLOPÆDIA Britannica®

《大英儿童漫画百科》是根据美国大英百科全书公司出版的《大英百科全书（儿童版）》改编而成，为中小学生量身打造的趣味百科全书。

10大知识领域

本丛书以美国芝加哥大学的学者和美国大英百科全书编辑部共同编撰出版的《大英百科全书》为参照，分为以下10个知识领域：

- 物质和能量　构成世界的物质及能量的相关知识
- 地球和生命　地球本身及地球生物的相关知识
- 人体和人生　人的身体、心理和行为的相关知识
- 社会和文化　人类形成的社会和文化的相关知识
- 地理　世界各国的历史和文化的相关知识
- 艺术　美术、音乐等各种艺术及艺术家的相关知识
- 科技　创造当今文明的各种科技的相关知识
- 宗教　影响人类历史和文化的宗教的相关知识
- 历史　历史事件及历史人物的相关知识
- 知识的世界　人类积累的知识体系及各个学科的相关知识

活学活用《大英儿童漫画百科》的"三步法"

第一步 01	第二步 02	第三步 03
	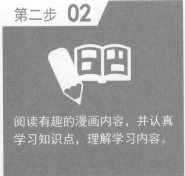	
查看图书扉页前的信息图，了解学习内容的核心知识点。	阅读有趣的漫画内容，并认真学习知识点，理解学习内容。	查阅附录收录的《大英百科全书》中的相关条目，接触更深的知识点，深化理解所学内容。

写给家长和孩子的话

　　现代社会是一个信息化社会。以前我们获得知识的途径非常有限，而现在身处发达的信息化社会，只需要鼠标轻轻一点，就能够获取成千上万的知识。然而从这些知识当中，寻找真正有用的知识却变得越来越难。

　　《大英百科全书》，被认为是当今世界上最知名也是最权威的百科全书。它将构成人类世界的所有知识分成了10个知识领域。该书囊括了对人类知识各重要学科的详尽介绍和对历史及当代重要人物、事件的翔实叙述，其学术性和权威性为世人所公认。

　　本丛书是以美国芝加哥大英百科全书公司出版的《大英百科全书（儿童版）》为基础，综合中小学阶段的教学内容而精心打造的趣味百科全书。此外，图书扉页前的信息图，在视觉上直观地展现了本书的核心知识内容，摆脱了以往枯燥的文字说明，有助于孩子理解和记忆。同时，书中还附有各种知识总结页，涵盖了自然科学和社会科学的各种知识体系，有助于培养孩子的创造性思维方式，将所学的知识，融会贯通。当今社会的学习，不再是简单地注入大量的知识，而是体验一种过程——获取新知识，然后将其消化吸收并举一反三收获新知识的过程。衷心地希望《大英儿童漫画百科》丛书不仅能够帮助孩子积累知识，而且还能引领孩子从中寻找到知识的趣味，感受到获得新知识时的喜悦，从而进入一个真正的学习世界。

韩国初等教育科学学会

塑造青少年勇于求索的科学精神

在繁重的科研工作之余，我常常在思考科学普及到底是个什么概念。现代科学发展日新月异，人们在享受科学带来的便利的同时很少会思考科学是如何一步步走到今天的。传递科学知识并不是科学普及工作的难点所在，真正难的是让人们理解科学是如何做到这些的。青少年作为国家未来的希望无疑会肩负这样的使命，他们需要知道这一切，他们的想象力和创造力是不受局限的，只有让他们拥有独立思考的能力和质疑精神，科学进步的原动力才不至于枯竭。

能够推动科学知识的传播无疑是每个科研人员的夙愿，因为他们内心是希望通过展现科学的魅力、精髓和对现实生活的意义，让更多的人能够投身其中并乐在其中，而不是让人误以为科学不过是一群专注、冷漠、聪慧的人集结在一起玩的"游戏"。这套《大英儿童漫画百科》以鲜活、童趣、知识链逻辑性强的特点，展现在我国青少年的面前，无疑让人眼前一亮。它或许可以成为一把为孩子打开科学之门的钥匙，让他们走进科学，亲近科学。

虽然我研究的是地球科学和生命科学的交叉领域，但对天文、物理、地质、古生物等这些学科的科学知识的传播也很感兴趣，正好这套《大英儿童漫画百科》涉及人类社会诸多学科领域的范畴，无论孩子们想知道恐龙曾经是如何生活在地球上的、南极和北极究竟有哪些生命，还是想知道鸟类的祖先究竟是何方神圣——跟随《恐龙时代探险记》《神秘极地大冒险》《野外探秘鸟类王国》的故事发展，孩子们将身临其境般地去感受这一切。

图书从整体设计思路到细节的把握等方面都做得很到位，值得向广大青少年推荐。无论是这套图书的编者还是作为推荐人的我，都在科学传播和文化传播上坚守着责任和信念。这套书无疑做到了这点，它一定可以点燃青少年的科学梦想，伴随他们一路前行。

周忠和

中国科学院院士
美国科学院外籍院士
中国科学院古脊椎动物与古人类研究所所长

发现《大英儿童漫画百科》这套书，我有些难以抑制的兴奋，好像找到了一个法宝——将系统、基础的百科知识以一种最贴近儿童思维和心灵的方式呈现出来。

作为经典，《大英儿童百科全书》不知伴随了多少代人的成长。市面上的儿童科普读物林林总总，有趣易读的有很多，但作为一名基础科学教育工作者，眼光总是挑剔了许多，最终还是会倾向知识更为系统全面、最贴近科学本真的读物，而且也期待这种读物会以一种更贴近儿童世界的面貌出现。

这套漫画版百科的问世，无疑让人的心亮了。10大知识领域以"主题漫画"的方式铺展开，为孩子创造了一个个故事新奇又颇具探险精神的科学情境，所有知识就在一幅幅生动有趣的连环漫画中立体鲜活起来。同时，书中大量的信息图和附录相关条目又还原了科普知识的原汁原味，方便孩子巩固、深化所学。

从这套书里我看到了"尊重"，既尊重了科普知识的系统性，又尊重了儿童的思维和心灵。这里面有童趣、探险、幽默、创意，更有实事求是的科学态度。

中国人民大学附属小学科学老师　张 驰

《大英儿童漫画百科》系列图书，一旦翻开，就让你有一种停不下来的感觉，我超喜欢看。以前我看漫画书，妈妈总说我，现在可不了，我看的可是科学漫画书，书中既有漫画带来的快乐，又有漫画故事中讲述的百科知识。

书中主人公罗云毛手毛脚、爱好美食，但对未知的事物有着强烈的探索心。他和美琪一起穿越星际，飞入昆虫世界……一个个惊险刺激的故事不仅让我一同感受了曲折冒险经历的紧张，还告诉了我相关学科的知识，一步步揭开了我心中的谜团，让我知道了太阳系是怎样形成的，光是如何产生五彩光芒的，蝉是如何发声的等等。

凯勒说："一本书就像一艘船，带领我们从狭隘的地方，驶向无限广阔的生活海洋。"《大英儿童漫画百科》就像一艘艘轮船，带着我驶向无垠的知识海洋！

长沙市四方坪小学六年级学生　唐钟誉

目录

03 | **南极**

吴导演

出色的科学家兼纪录片导演。他走访世界各地，日夜不停地进行极地研究，目的是让更多的人意识到全球变暖的严重性。他正准备出发去极地拍摄纪录片的时候，接到了侄女美琪的电话。

罗云

为了见到爸爸而远赴极地的勇敢少年。他的爸爸是南极韩国世宗科考站的研究员。虽然罗云对极地不太了解，但是他有一颗勇敢、不畏艰难的心，最终完成心愿。

美琪

罗云的好朋友，聪明伶俐，坚强勇敢，重情重义。为了达成罗云想要见到爸爸的愿望，她同罗云一起，跟随吴导演前往极地。

小白

吴导演的研究助手。它的外形很像可爱的北极狐，实际上它是一个功能超强的机器人。它满腹才华，对极地了如指掌。同时，它又是罗云和美琪挺进极地训练的严格教官。

罗云的心愿

罗云,你在看什么呢?

哇,真是太壮观了。

这是我爸爸发过来的极光照片。

极光?

▶为什么会产生极光?

极光 (Aurora) 一词,在拉丁语中意为"黎明"。极光是太阳带电粒子流(太阳风)被地球磁场捕获,进入大气高空时与空气分子发生反应而引起的发光现象。极光主要发生在地球南北两极附近地区的高空,根据所结合的空气分子的种类,可发出红、蓝、绿、紫等多种颜色的光。

上升气流

你爸爸去了可以看到极光的地方吗?

嗯。

01

地球上最冷的地区

　　北极和南极位于地球的两端，那里太阳高度角小，常年被冰雪覆盖，所以非常寒冷。乍一看，两极地区很类似，实际上却大有不同。你们知道北极是一个结冰的大洋，而南极是一整块大陆吗？在本章，你将了解到地球上最寒冷的两极地区的概况。

挺进极地的魔鬼训练

不行！去极地可不是闹着玩的。极地离我们可远了。

到底有多远呢？

北极

南极

北极和南极分别位于地球的两端。

那岂不是去趟北极和南极，就等于绕了地球一周？

这样的旅行一定很有意思！

哇

好开心

有意思？你们这些傻乎乎的小家伙，极地不知道有多危险呢！

危险？

咪

极地之所以会这么寒冷，与太阳有关。极地的太阳高度角小，因此单位面积所受的太阳辐射少，而且照射的阳光被冰雪反射，所以更冷了。

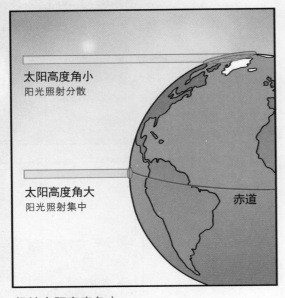

极地太阳高度角小

地球是个球状体，所以极地所受的阳光照射比其他地区要更加分散，也就更加寒冷。

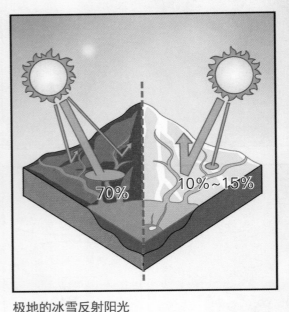

极地的冰雪反射阳光

一般情况下，30%的太阳辐射被大气吸收，70%被地面吸收。而极地由于冰雪的反射作用，只能吸收10%～15%的太阳辐射。

▶ 太阳高度角

太阳高度角指的是太阳光线与地面之间的夹角，具体见下图。一般来说，太阳高度角越大，该地气温越高；太阳高度角越小，该地气温越低。

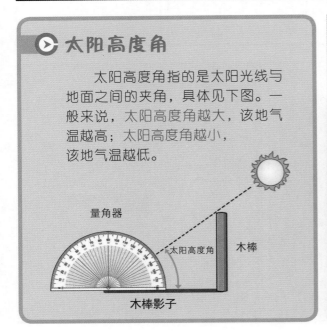

竟然这么久！天哪，真不敢想象！

积雪时间长了，不会腐烂掉吗？

当然不会。积雪不断堆积，就会形成冰川。

冰川和积雪还不一样吗？

▶ 冰川

冰川指的是积雪数千年来不断被压实形成的巨大冰体。冰川消融形成的水，还会使冰川缓缓移动。

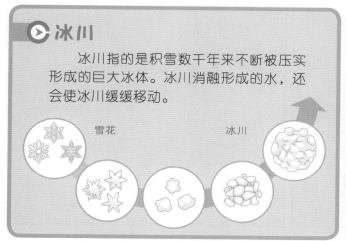

雪花

冰川

冰川约占地球陆地总面积的11%。

▶ 冰川形成的过程

冰川的形成是一个漫长的过程。冬天的积雪持续不化，直到来年冬天的积雪再次堆积，以上过程循环往复，才形成了今天我们看到的冰川。

冬天

夏天

冬天

总之，极地被巨大的冰川覆盖，是天然的冰库。

美国阿拉斯加地区的冰川

怎么样？还想去吗？我就不信，还吓不到你们！

嗯……

嗯！想去！一定要去！

吓一跳

呃！

好吧。只要你们能通过极地适应训练，就算你们过关啦！

投降

说话算话！一定要遵守诺言啊。

小白，你跟他们讲讲极地适应训练。

好的，导演。

这是专门为了培养极地生存能力而设的训练。训练非常严苛，现在你们还有机会打退堂鼓。

嘻

▶ 极地适应训练

　　极地科考队由研究员、各领域的专家、医生等人员组成。要想成为科考队成员，必须通过极地研究所的各种极地训练，具体如下：

基础体能测试

基础体能训练

直升机安全教育

游泳训练

海上生存训练

还得装备上这些。

这些又是什么？

这是体验极地的基本装备。

极地探险所需的基本装备

极地探险非常消耗体力，要克服极地寒冷的天气，体能储备是最重要的。其次，还要配备各种适合极地探险的基本装备，这样才能有备无患，顺利在极地进行探险。

护目镜
阻断刺目的阳光。

指南针
指明方向。

极地专用食品
各种干燥的食品，包括泡上热水就能食用的米、蔬菜等。

雪橇
装载行李，方便移动。

滑雪板
在雪地行进的主要手段。

特殊防寒服
由多层防寒材料制成，能抵御极地的严寒。

这还是最基本的？

我们已经穿戴这么多了呀！

哼，退缩了吗？都跟你们说了，极地可不是小屁孩过家家的地方！

大跌眼镜的结果

可是，北极和南极到底有什么不同呢？

北极在北边，南极在南边呗。

棋下巴

美琪说得对！它们的位置是不一样的。不过还有很多不同点，比如气温、动植物、冰川形态等。

我好想知道，到底还有哪儿不同呢？

最大的不同就是，北极是结冰的大洋，而南极是大陆。

北冰洋

南极大陆

大海都能结冰，那北极应该是地球上最冷的地方了吧？

很多人都会这么认为，实际上南极更冷。

北极的年平均温度为零下7摄氏度，而南极的年平均温度在零下20摄氏度以下，因此在南极人类很难生存。

啊，也就是说，北极还能住人。

小白，为什么南极会更冷呢？

因为南极是大陆呀。

是大陆，所以更冷吗？我还是没法理解。

温度下降时，大陆比海洋冷得更快。正是由于这种特性，南极所在的大陆比北极所在的海洋更冷。

升温快　降温快

大陆

升温慢　降温慢

海洋

▶陆地比海洋冷得更快的原因

　　在同等的光热条件下，坚硬岩石组成的陆地，比水构成的海洋热得更快，同时也冷得更快。这是陆地和海洋的比热容不同所导致的。比热容指的是 1 千克某种物质上升 1 摄氏度所需要的热量。不同的物质，其固有的比热容数值也不同。比热容大，就意味着该物质升温需要更多的热量。水是世界上比热容最大的物质，升温慢降温也慢。相反，泥土的比热容远远小于水，因此升温快降温也快。总而言之，温度变化不大的海洋，比陆地更能储存太阳的热量。

与所处大陆的南极相比，北极所处海洋，所以没那么冷。

17

此外，北极还有来自大西洋和太平洋的暖流*汇入，所以比南极更加温暖。

北美洲

太平洋

北冰洋

大西洋

亚洲

* 暖流 由低纬度地区流向高纬度地区的温暖洋流。

噢，原来北极还是挺温暖的？

不是啦。是相对南极来说，比较温暖。北极的冬季温度也能低至零下30摄氏度以下。

好了，解说到此结束。下面，训练正式开始。

犀利的眼神

一怔

这眼神是……为什么我有一种不好的预感？

哔

哔

吃力

颤抖

咬紧牙关

哔 哔

嗬

嗬 嗬

扑腾

去趟极地，还非得这样吗？

咬牙坚持

别废话，快点儿上去！

一会儿后

怎么办？孩子们该不会通过训练了吧？

惴惴 不安

吱呀

转头

好耶！顺利过关！

撒花

什么？

小白，这是怎么搞的呀？

呃，我……我也不太清楚。这两个小孩太可怕了，他们是从外星球来的吧！

不寒而栗

好吧，君子一言，驷马难追！谁让我是大人呢！

哇，太棒啦！

呼

一跃而起

19

广袤的冰雪世界

过了一会儿

哗啦啦

呃，感觉有点冷呢。

冷飕飕

我也是。

那是因为我们已经进入北极地区了。

这儿就是北极？

要是北极的话，这里应该有冰啊。怎么什么也看不到？

哈哈，北极也不全是冰呀。

啊？

没有冰？

当然了。北极的范围很大呢。

轰轰

有多大呢？

21

北极和南极的位置及面积

一般来说，北极指的是包括北极点及其周边在内的广大地区，而南极指的是包括南极点及其周边在内的广大地区。下面，我们再来仔细地了解一下两者的位置和面积。

北极

北极大部分地区都是海洋，其范围根据不同的划分标准，也略有不同。北极既可以指北极附近北纬66度34分（北极圈）以内的地区，也可以指最暖月份（7月）平均气温低于10摄氏度的地区，还可以指树木生长界限（树木线）以北的地区。若按北极圈以北的地区来算，北极的面积约2100万平方千米；若按最暖月份10摄氏度等温线为南界来算，北极的面积约2700万平方千米。其中三分之二为海洋，即北冰洋。北冰洋是世界五大洋之一，其他大洋分别为太平洋、大西洋、印度洋和南冰洋。

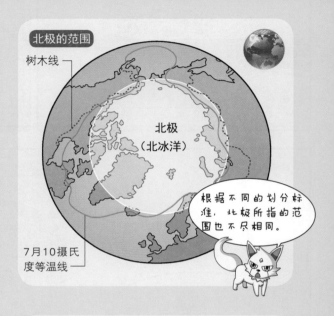

北极的范围

树木线

北极（北冰洋）

7月10摄氏度等温线

根据不同的划分标准，北极所指的范围也不尽相同。

南极

南极指的是南极附近南纬66度34分（南极圈）以内的地区。其面积约为1420万平方千米，其中绝大部分（约1300万平方千米）是大陆。所以，大部分是海洋的北极，也被称为"北冰洋"，而大部分是陆地的南极，也被称为"南极大陆"。南极大陆面积十分巨大，约占地球陆地总面积的9.4%。

南极的范围

南极（南极大陆）

南冰洋（南极海）

北极和南极真的是很大的地方呢。

南极大陆竟然比中国还大！

导演，您为什么要去极地拍摄呢？不是说在那里人们很难生存吗？

我想让人们看到冰川在逐渐减少的事实，让人们认识到全球变暖的危害。

您是说，北极的冰在融化？

是的。小白，给大家看一下北极的卫星图片。

好的。

看好了！这是卫星拍摄的北极。

哇，面积真的减少了好多呢。

1982年的北极

2012年的北极

照这么下去，说不定在不久的将来，北极的冰就会全部融化。

可是，变暖了不是件好事吗？

并不会哦。冰川一旦消失，更多的灾难将会降临。

◉ 全球变暖与冰川融化

全球变暖指的是地球的温度逐渐上升而引起气候和生活环境变化的现象。全球变暖是温室气体（二氧化碳、甲烷、氟利昂等）排放量增加所致，它会导致冰川融化，海平面上升。

海平面上升　冰川如果全部融化，会导致海平面上升，大部分的陆地会被海水淹没。

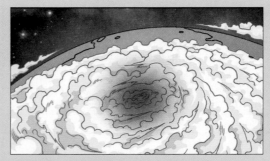

大型台风　全球变暖导致海水温度升高，吸热形成强台风。

洪水和沙漠化　一些地方大规模降雨形成洪水，另一些地方则持续晴热造成干旱。

生态系统破坏　极地的动植物失去生存的家园，濒临灭绝。

啊，我们必须阻止冰川继续融化。

呜 呜

发生什么事了？

看，海上漂浮着好多冰块。

这么多的冰块从哪来的？

遭遇冰川

这个是海冰的一种，叫作流冰。

叔叔，海冰是什么，流冰又是什么？

疑惑

海水结冰就形成了海冰，大部分北冰洋被海冰覆盖。

等一下。咸咸的海水也会结冰？

罗云，你的记忆丢到爪哇国去了吗？北极本来就是结冰的大洋呀。这么快就忘了？

那个……偶尔失忆一下嘛。

▶ 海水也会结冰？

一般河水在 0 摄氏度开始结冰，而海水则要达到零下 1.9 摄氏度才开始结冰。原因在于，海水中溶解的盐类使海水的凝固点降低了。

▶ 海冰的味道怎样？

海水是咸的，所以我们可能会认为，海冰也是咸的。实际上，海冰并不咸。因为海水凝结的时候，只有水结冰，盐类则被排挤出来了。

海冰在风和洋流的作用下流动，就称为流冰。流冰的厚度一般在2米左右。

晃动 晃动

2米

除了流冰，其他种类的海冰是什么？

海冰有两种，分别是流冰和固定冰。

▶ 海冰的种类

流冰

漂浮在海面的海冰，厚度约为2米。

固定冰

与海岸、岛屿或海底冻结在一起的海冰。

经过流冰带，我们就会碰上冰山。

什么，冰山？冰山又是什么？

流冰是海水冻结而成的，而冰山是冰川临海一端破裂落入海中漂浮的大块冰体。

啊哈！

轰隆隆

小白，你可真了不起呀。在我看来，这些冰都差不多。

嘻嘻……区分的标准就是厚度。

冰体厚度在5米以下为流冰，5米以上则是冰山。

也就是说，冰山要比流冰厚。

流冰 < 5米 < 冰山

啊，快躲开！

3千米

当然啦！北冰洋最大的冰山厚度可达3千米。

哇！简直是庞然大物！

等亲眼见到了冰山，你们就会情不自禁地感叹大自然的神奇。相信我吧。

半信半疑

卖关子

叔叔，前面那个不会就是冰山吧？

前面？

转头

看，冰山！

哇，真是壮观！

现在安全啦，我开慢点，你们好好观赏吧。

轰隆隆～

好奇怪呀，书上的冰山可都是低平的……

那是南极的冰山。

南北极的冰山外形还不一样？

怎么个不一样呢？好想知道。

▶ 冰山的形态

北极的冰山

北极冰川的一端破裂落入大海，四处碰撞，因此北极的冰山上端像山峰一样突出。

南极的冰山

南极大陆的冰架*崩解而成，个体比北极的冰山大，上端较平坦，如同一张桌子。

北极和南极的冰山之所以不同，是因为它们形成的环境不同。

*冰架 与大陆冰川相连的海上大面积的固定浮冰。

北冰洋的冰山

我突然想到，冰山不就是陆地上的淡水吗?那它是不是可以饮用呢?

可以喝?

如果把这些巨大的冰山拉到非洲，非洲不就不会缺水了吗?

对哦，沙漠里也就不用担心没水了。

我的冰山呢?

空空如也

罗云想到的，很多科学家也想到过。不过在运送的途中，冰山全部融化了。计划以失败告终。

途中不能让它融化，这的确是个难题。

不过最近科学家又开始研究冰山不融化的运送方法，说不定在不远的将来就能实现呢。

真希望这样的研究能够成功，那些缺水的国家就有救了。

罗云万岁!

万岁

我们的英雄!

最好我就是第一个做到的人。

哇

嘿嘿

真自恋，你在想些什么呢?

31

02

北极

  北极生活着很多动物，包括"北极之王"——北极熊、竖琴海豹、海象等。乍看之下，北极被茫茫冰雪所覆盖，不过阅读本章之后，你将发现北极地区也有草原，在短暂的夏季，还有植物开花。此外，包括因纽特人在内的北极原住民在这里生活，人与自然和谐相处。

生活在北极的动物

哎呀，看那里。

轰隆隆

拍水

长得好像海狮呀，真可爱！

它不是海狮，是竖琴海豹。

竖琴海豹这种可爱的动物，曾经有一段时间惨遭各种杀戮。

杀戮？在这里吗？

竖琴海豹

身长约1.8米，体重约180千克。竖琴海豹在幼崽时一般呈白色，长大后会变成灰色，身上还有斑点。再长大一点，它的背部会有醒目的黑色斑纹，形状就像竖琴一样。

那个时候，人类为了获取它们的油脂和皮毛，进行大肆的猎杀。

那么可爱的小东西，真是太可怜了。

除了竖琴海豹，北极还生活着很多抗寒的动物。

▶ 生活在北极的海洋动物

北极鲸
体长约15～18米，体重约100吨。其脂肪层厚达70厘米，北极鲸的鲸须是所有须鲸中最长的。

白鲸
体长约4.5米，体重约1.5吨，以乌贼、鲑鱼、甲壳类动物为食，它的叫声如同金丝雀。

海象
体长约3.7米，体重约2吨，雄兽略大于雌兽。海象有一对类似象牙的獠牙，最长可达1米。

一角鲸
体长（不包括长牙）约5米，体重约1吨。雄鲸上颌的一颗牙齿，会逐渐长成2米以上的长牙。

哇，在这么冷的北冰洋里，居然还生活着这么多的动物，真是让我大开眼界。

导演，沿着冰川往上，应该就能看到竖琴海豹群了。

真的吗？快点开呀，叔叔。

啾啾啾

吱

哇！

哄哄
哄
哄

哇，竖琴海豹都聚在这里了。一定要拍下来。

开舱门

这辈子能看到如此珍贵的场景，我真是太幸运了！

哄
哄

哒嗯

看，海豹宝宝正在吃奶呢。

好有爱，好温馨。

吮吸

吼

北极熊！

没时间感叹啦！还不快逃命，北极熊可是北极最可怕的捕食者。

啊！好！

哒 哒 哒

北极熊
身长约2.5米，体重在500千克以上。它是世界上最大的陆地食肉动物，位于整个北极生态系统食物链的最顶端。北极熊在水中的游行时速可达10千米。

心脏都要跳出来啦！北极熊真有那么厉害？

嗒

它看起来挺可爱的呀。

北极熊生存能力惊人，零下40摄氏度的严寒，外加时速120千米的强风对它来说都不算什么。它可是整个北极最优秀的猎手。

咻 咻 咻

零下40摄氏度？这也太夸张了。它怎么做到的？

北极熊身上有厚厚的脂肪层和皮毛覆盖，而且它的皮毛还有两层。

▶ 不畏严寒的北极熊

北极熊的毛是白色的，不过它的皮肤是黑色的，有利于吸收阳光的热量。它的脂肪层厚达10厘米，身上布满致密的短毛，而且短毛上面还有一层防水的长毛。这些都使它能在极端的天气下生存。

长毛
短毛
皮肤
脂肪层

北极熊的毛像吸管一样是中空的，里面充满了温暖干燥的空气，这样能提高保温效果。

空气

干燥的空气让我觉得一点都不冷。

后腿一蹬

扑通

此外，这种中空的构造在它入水时，能够阻隔皮肤与冰水接触。

畅快地游

因此就算浑身湿透地从海里出来，北极熊的体温也不会下降。

这样的适应能力，简直太不可思议了！

▶ 生活在北极的陆地动物

　　北极生活着很多肉食动物和草食动物。它们的共同点是拥有又长又粗的外层毛和致密的内层毛，这能够帮助它们抵御严寒。

北极燕鸥

体长约33～36厘米。当北半球是夏季时，北极燕鸥在北极繁衍后代；当冬季来临时，前往南极越冬。它是世界上飞行距离最远的鸟类，每年的行程达4万千米。

北极狼

体长约120～163厘米，与一般的狼相比，北极狼体形更大也更重。它通体白色，有很长的獠牙，以北极兔和驯鹿等为食。

北极兔

体长约55～70厘米，体重约4～5.5千克，夏季毛色为灰褐色，冬季则变成白色。北极兔喜欢群居生活。

北极狐

体长约50～60厘米，夏季毛色为褐色，冬季则变成白色。北极狐冬季在地里挖洞储藏食物。

麝牛

肩高约1.5米，身体被深褐色长毛覆盖，交配时会产生麝香的气味。麝牛以各种草、地衣类*植物为食。

*地衣类　由藻类和菌类混合组成的一类特殊植物，贴附树皮或岩石生长。

麝牛还有北极兔都是食草动物，可是地上都没有植物，它们靠什么生存呢？

会不会有其他的食物来源？

你们多虑了。北极的夏天，也有很多植物生长。

什么？北极还有植物？

▶ 北极的气候

北极各地的气候不尽相同。有些地方常年冰封，有些地方则在夏天冰雪融化时，地表露出。格陵兰岛内陆的冬季气温可下降到零下 35 摄氏度以下，夏天也依然冰天雪地。而北冰洋沿岸的苔原地区在短暂的夏天，即 7 ~ 8 月份，地表因冰雪融化而外露，形成布满苔藓类和地衣类植物的草原。

夏季的苔原地区

北极的夏天到底是什么样的呢？

我也想亲眼看一下呢。

满足你们的愿望，马上前往下一个目的地，在那里你们就可以看到北极的植物。

咻 咻咻

哇，好开心！

生活在北极的植物

咻咻咻

看！这儿就是世界上面积最大的岛屿——格陵兰岛。

格陵兰岛上面有超大型的大陆冰川。

大陆冰川？有多大？

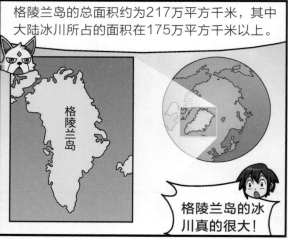

格陵兰岛的总面积约为217万平方千米，其中大陆冰川所占的面积在175万平方千米以上。

格陵兰岛

格陵兰岛的冰川真的很大！

你不是说，北极的冰山就来自于格陵兰岛的冰川吗？

没错，就是来自于这里巨大的冰川。

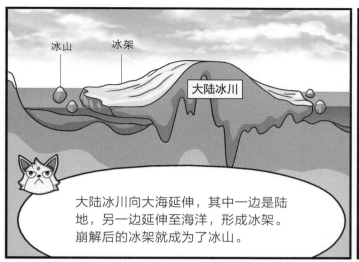

冰山　　冰架

大陆冰川

大陆冰川向大海延伸，其中一边是陆地，另一边延伸至海洋，形成冰架。崩解后的冰架就成为了冰山。

好像高山上的冰体也叫作冰川？

嗯，美琪说得对。那也是冰川。

▶ 冰川的种类

　　巨大的冰川由于无法承受自身的重量，会慢慢地滑向地势较低的地区，在这个过程中，它侵蚀地表及岩石，并经过一系列的搬运、堆积作用，形成多种地貌。冰川根据其厚度和形状，可分为三大类。

大陆冰川

个体最大，覆盖面积最广。格陵兰岛和南极大陆就被大陆冰川覆盖，它的厚度约2～3千米。

山岳冰川

高山地区可见。山岳冰川沿山谷而下，宽度较窄，呈丝带状，厚度约300～900米。

山麓冰川

介于山岳冰川和大陆冰川之间的中间类型。山麓冰川从山地边缘一直延伸至平地，呈扇形分布。

大陆冰川只能在南极大陆和格陵兰岛才能见到。

嗯嗯，原来如此。

哒哒哒哒

这是什么声音？

哇！是驯鹿。

哒哒哒哒

驯鹿

身长约1.2～2.3米，肩高约1米。驯鹿头上有角，多分枝。耳朵小，蹄间有长毛，方便它在冰雪上行进。它以地衣类为食。

它们要去哪儿？

我猜应该是去找吃的吧。

那就能看见北极的植物了啊。

我们不妨跟着它们吧。

嗯！

北极的植物约有1500种，包括高山植物和地衣类植物等。

哇，一千多种，比想象中的要多得多。

咻咻咻

这儿就是苔原地区。

眼前一亮

看，一大片的花朵。

这儿真的是北极吗？

这儿没有树，只有草呢。

北极寒冷的天气还有强风导致树木无法生长。苔原（Tundra）一词的原意就是"无树的平原"。

拨开小草

▶ 无树的平原——苔原

苔原地区在一年内的大部分时间里被冰雪覆盖，不过到了夏季，会有一部分冰雪融化，地表外露，生长出多种植物——除了树木。

地衣类是极地最常见的植物，大都个体细小，成群生长。它们是草食动物的主要食物来源。

美琪，赶紧过来看看这个。

怎么啦？有什么新发现？

招手

哇，好漂亮!

这个叫无茎蝇子草，花朵从南边开始开放，所以能起到指明方向的作用，被称为"指南针植物"。

无茎蝇子草

高约2~8厘米，紧贴地面生长，看起来像是坐垫。它的花朵呈粉红色，有5片花瓣，花期为6~8月。

美琪，过来看看这个。这可是味道独特的植物——北极酸野菜。

野菜？可以吃吗？

新鲜的嫩叶当然可以吃啦。

咀嚼
咀嚼

我来尝一尝味道怎么样。

它的学名叫作山蓼，由于其叶子带有酸味，所以也叫作北极酸野菜。以前北极的原住民就是啃食这个叶子，来补充维生素C。

吧嗒

嗯。它在北极可是很珍贵的呢。

呃，好酸。

46

▶ 耐寒的北极植物

　　生活在北极的植物大都个体细小，成簇生长，这是为了减少自身水分的流失。它们大多是多年生植物，在短暂的夏季开花，冬季之前完成受粉繁殖。

仙女木

多年生植物，株高约5～10厘米，花朵呈圆形，有8个花瓣。它的花朵会跟随阳光发生位置变化，如同向日葵一般。

北极柳

多年生植物，株高约1～5厘米，叶子表面有毛，花朵没有花瓣。它的果实为赤褐色，由于表面的白毛而呈白色。

北极灯笼花

多年生植物，株高约5～12厘米。它的花萼蓬松，呈灯笼状，花朵有5片呈淡紫色的花瓣。

挪威虎耳草

多年生植物，寿命长。株高约2～8厘米，花朵有五六片花瓣，花蕊呈深紫色。

四棱岩须

常绿灌木，株高约5～15厘米，花朵为白色，呈钟状，花瓣有5片。它主要分布在斜坡地带。

纯白羊胡子草

多年生植物，株高约12～30厘米，花色为白色，果实呈棉花状。它的根深入地下数十米，甚至上百米。

北极的植物一般都紧密地聚集在一起，这样能够减少受风面积，保持温度，以抵御严寒。

植物们的智慧真是了不起！

既然有植物，那么北极会不会有昆虫呢？

开什么玩笑，昆虫可是很怕冷的。

不屑

北极有昆虫哦。一种叫作阿拉斯加甲虫（学名是Upis ceramboides）的昆虫，在零下60摄氏度的环境中仍能存活，它恐怕是世界上最耐寒的生物了。

真是惊人的生存能力！

阿拉斯加甲虫

长约18毫米，通体黑色，有坚硬的鞘翅，可以保护后翅及腹部。它栖居于树皮或枯死的树木中，成虫可以在零下60摄氏度的环境中存活。

另外，极地还生活着一种红珠绢蝶，其幼虫在寒冷的冬天破茧而出，在零下27摄氏度的环境中也能存活。

红珠绢蝶

翅展约6～7厘米，翅膀半透明，后翅各有两个黑边红点。全球变暖导致其栖息地遭到破坏，现在红珠绢蝶属于濒危物种。

除此之外，北极还生活着很多昆虫，如苍蝇、蜜蜂、弹尾虫、螨、蜘蛛等。

蜜蜂

弹尾虫

嗡 嗡

嗡

苍蝇

蜘蛛

螨

真是太厉害了。它们是怎么在北极生存的呢？

一般昆虫不都是生活在温暖的地方吗？它们有什么特别的生存秘诀吗？

当然。最新研究表明，生活在严寒地区的昆虫，体内都含有一种叫作抗冻蛋白的物质，它可以帮助昆虫耐寒。

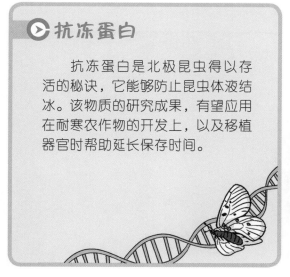

▶ 抗冻蛋白

抗冻蛋白是北极昆虫得以存活的秘诀，它能够防止昆虫体液结冰。该物质的研究成果，有望应用在耐寒农作物的开发上，以及移植器官时帮助延长保存时间。

北极的植物和昆虫真是太了不起了，它们具有我们未知的、神秘的、旺盛的生命力。

卡（cut），非常好！下面我们去看看北极的居民吧。

独特的北极生活

叔叔，北极住着什么人呢？

你怎么连这个也不知道？爱斯基摩人呀。

哎哟，不错，但是准确地讲，应该叫作因纽特人。

听见没？我才是"智慧囊"。

哼，你不也错了吗？

▶北极的原住民——因纽特人

生活在北极的原住民，被称为爱斯基摩人。不过，爱斯基摩人是西方人起的名字，意为"吃生肉的人"，带有贬义，所以这些原住民并不喜欢这个名字，更喜欢自称为因纽特人，意为"真正的人"。

看，那个就是因努伊特石堆*，我们已经到了。那是因纽特人的一种传统导航标记，也是狩猎场的标记。

*因努伊特石堆 因纽特人堆砌的石堆，在当地语言中意为"代替人的物体"。

叔叔，我们在这里拍张照吧。

这个主意不错！

笑一个，茄子！

咔嚓

咦，好像下面有什么东西？

圆鼓鼓

不是藏，是储存。这里也用作仓库，贮藏狩猎来的食物。

噢，我还以为为了好找，才故意弄成这个样子的呀。

好了。把它们放回去，我们得走了。

哇，竟然是肉！我的运气太好了吧！

是谁藏在这儿的呢？

哇

哇，好大的村落。

怎么村子里没有那种房子呢？不是说因纽特人住在用冰块做成的房子里吗？

嗯，叫什么来着？

你们说的是雪屋吧。

嗯，雪屋。

▶ 雪屋

一年的大部分时间里，北极被冰雪覆盖。为了适应这种环境，因纽特人利用冰雪堆砌成居住的房屋，称为雪屋。从外表看，雪屋很像一口大锅扣在地上，或者像一个小小的蒙古包，屋子南边还有个很小的进出口。

因纽特人的传统房屋——雪屋

过去因纽特人建造雪屋居住，而到了夏天，冰雪融化，他们就住在用鲸的骨骼和动物毛皮搭建的窝棚里。

1922年夏天的因纽特人

不过现在，雪屋几乎销声匿迹了，他们也都住到现代的组合房屋里去了。

那是不是看不到雪屋了？

也不是，出远门打猎的时候，因纽特人还是会堆砌雪屋的。

嘻嘻，不如我们跟着他们去打猎吧。

哇

导演，那边来了一群小孩。

我去跟他们说话，叔叔在旁边摄像就行，怎么样？

嗒嗒

嗯，没问题！

你们好，我们是来自韩国的纪录片摄制组，可以采访你们一下吗？

嗯，好的。

你们的衣服很好看，是用动物皮毛做的吗？

这种衣服叫阿诺拉（anorak），是一种带风帽的厚皮袄，用驯鹿或海豹的皮制成。

驯鹿？不就是刚才我们见过的那种动物吗？长得像鲁道夫。

嗯。对于生活在苔原里的人来说，驯鹿非常重要，它可以提供肉、毛、皮等。

鞋

外套（anorak）

肉

我们出去打猎的时候，都会穿上这种衣服，现在我们刚好要去冰钓。

冰钓？肯定很有意思。

叔叔，我们可以一块去吗？

可以，学习冰钓的场景也是很好的素材呢。

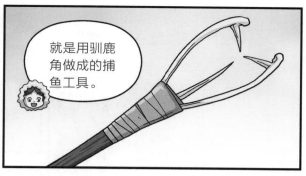

▶ 因纽特人的传统狩猎工具

因纽特人的传统狩猎方式，一般就是乘坐海豹皮制成的小船出海，钓鱼或利用鱼叉捕杀海豹。如果打猎需要很多时日，他们会带上狗，拉着雪橇，把各种工具放在上面。

鱼叉
用于穿刺鱼类。

海豹皮船
木架上外覆兽皮的一种小船，用于捕杀海豹。

呜噜刀
扇形刀，用于割肉切皮。

雪橇
用于在冰雪上行进。

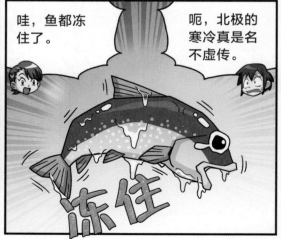

喂！来自韩国的朋友们，我们现在要去打猎呢，要不要一起来参加？

呐呐 汪汪

导演，我们一块去吧。

好！

请问可以拉上我们吗？

当然可以啦，快请坐。

谢谢你们啦，下次再见。

再见。

汪汪 汪汪

哇，真是神奇的体验！这是我第一次亲眼看到狗拉雪橇。

哈哈，狗拉雪橇本来就是因纽特人的传统交通手段。

呐呐

太酷了。下次我们也带上自己的狗，来拉雪橇吧。

这可没那么简单，不是任何狗都能拉雪橇的。

难道还有专门的雪橇犬吗？

哈哈，也不是啦。但如果是力气小、不耐寒的狗狗，是很难成为雪橇犬的。

▶ 雪橇犬的种类

雪橇犬力气大，耐寒。它们的腿部肌肉发达、多毛，利于在雪地上奔跑，不易陷入积雪里或打滑。它们的毛发也有两层，可以保护身体免受冰冻的伤害。

萨摩耶

阿拉斯加雪橇犬

哈士奇

原来如此。我家小狗看样子很难成为雪橇犬了。

呼

孩子们！你们太棒了！加油，快跑！

汪汪

汪 汪 汪 汪

哇！它们好像听懂了呢，跑得像飞起来了一样。

喂，我是真的飞起来了！救命！

哒哒哒哒哒

我们到了，我先去找点儿吃的，你们先在原地等会儿吧。

嗯！

等的时候，要不要堆一个雪屋？

可是我们不知道怎么堆雪屋呀？

别小看你的叔叔啦！来之前我可是做了很多功课的！看我的吧！

▶ 建造雪屋

1 将冰块切成适当的大小，修葺冰面用作墙砖。

2 从下往上，将冰块堆成一个圆形。

3 冰块间的缝隙用雪堵住，以免漏风。

屋顶还要开个洞，保持空气流通。

4 在地下挖个通道，上面用冰块做一个顶棚。

大功告成！

可是雪屋为什么要做成圆顶的呢？

这样可以减小风速，比起四方形的房屋来说，更加坚固，也更容易建造。

啊哈。

▶ 雪屋中的科学

雪屋虽然用冰块堆砌而成，但是能在没有任何暖房设施的条件下，维持室内温度在 5 摄氏度左右。这都是雪的功劳。雪颗粒中含有很多空气，可以防止热量散失。另外，因纽特人还会在雪屋内洒水维持温度，因为水在结成冰的过程中会放热。这个过程与冰融化吸热完全相反。

水结成冰的放热反应 在湖面结冰时的大冬天，湖水附近的村子由于水结冰放出的热量，气温会比其他地方高。

肚子好饿呀。

是啊，打猎的大叔也该回来了啊。

咕噜噜

大家都等急了吧。

哇！回来了！

今天运气不错，抓了只海豹。

嗞嗞

嗒

海豹？

海豹、海狮等都是因纽特人比较喜欢的猎物。它们的肉可以吃，皮可用于建房子、造船，油脂可以用作燃料。

生肉含有丰富的维生素C，要不要尝一口？

什么？吃生肉？

吃惊

因纽特人为了抵御严寒，喜欢吃生肉，特别是在食物不足的北极，吃生肉可以补充蔬菜及水果中所含的维生素C。

不过，我还是喜欢吃熟的。

我也是。

好吧，随你们。

在北极地区，除了我们熟知的因纽特人，还生活着很多其他的原住民。他们遵循各自的传统，繁衍生息。

▶尤皮克人

主要居住在阿拉斯加西部、俄罗斯远东地区。家庭生活简朴，以父亲为中心。尤皮克人不喜欢被称为因纽特人，他们认为这是歧视，因此自称为尤皮克人或爱斯基摩人。尤皮克人在有特别的事情时，会用兽皮和羽毛制作面具并佩戴。

1900年的尤皮克人

▶涅涅茨人

主要居住在西伯利亚北部的苔原地区，属于传统的驯鹿游牧民族，也被称为尤拉克人或萨莫迪人。约95%的涅涅茨人信仰萨满教。涅涅茨人讲涅涅茨语，以驯养驯鹿为生。对于他们来说，驯鹿是最重要的动物，为他们提供了衣物、食物以及交通手段。族群中的男性轮流进行1500~2000头驯鹿的放牧，除此之外，也会出门打猎或抓鱼。

涅涅茨人一家

▶阿留申人

主要居住在阿拉斯加半岛和阿留申群岛（位于阿拉斯加和堪察加半岛之间），和因纽特人、尤皮克人等都是北极地区具有代表性的原住民。传统的阿留申人以捕杀海豹、海獭为生，会制船、织布，并制作武器。

阿留申人中的猎人

北极争论

生活在北极的人们好幸福。地方这么广阔，环境也干净。

我也想来北极生活。

不过，现在的北极并不太平。很多国家围绕其丰富的资源，展开了激烈的竞争。

这是什么意思？

除了冰，北极还有其他资源吗？

北极地区拥有丰富的石油、煤炭、矿物及海产品资源。此外，北极还有储量巨大的天然气。

正因为如此，周边的大国都宣称北冰洋是自己的领土。

这算什么事？北极本该属于居住在这里的人呀！

道理虽是这样，但是随着大国石油公司的入驻开发，原住民不得不离开自己的家园，迁往他处。

勃然大怒

太过分了！

更严重的是，石油公司排放的污染物，破坏了北极的生态环境。

▶北极的资源

　　随着北极的经济价值逐渐被人们所了解，越来越多的国家把目光投向了该地区。据探测，北冰洋的大陆架蕴藏着丰富的自然资源，包括石油、天然气、煤炭、镍、铁矿石、铜、铀、钻石等，美国、加拿大等国已经着手开发。北极地区的水产资源也很丰富，拥有明太鱼、鳕鱼、鲑鱼、鲱鱼等鱼类，包括北冰洋在内的北太平洋和北大西洋的渔业捕获量约占全世界的40%。此外，北极附近地区是全球重要的工业区，因此开辟北冰洋航路进行物流活动，有望获得巨大的经济利益。

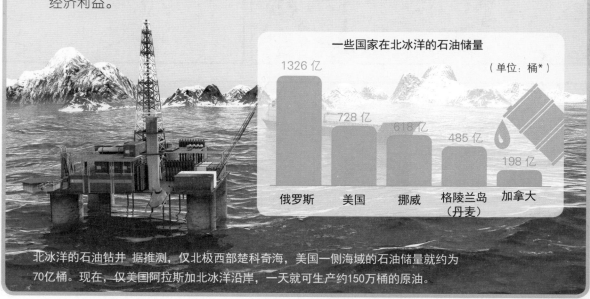

一些国家在北冰洋的石油储量

（单位：桶*）

1326亿 俄罗斯
728亿 美国
618亿 挪威
485亿 格陵兰岛（丹麦）
198亿 加拿大

北冰洋的石油钻井 据推测，仅北极西部楚科奇海，美国一侧海域的石油储量就约为70亿桶。现在，仅美国阿拉斯加北冰洋沿岸，一天就可生产约150万桶的原油。

64

*桶：石油的计量单位。1桶≈159升。

可是对于人类来说，开发缺乏的资源也不是坏事呀。

这是目光短浅的做法！如果资源开发破坏了北极的生态系统，将会给人类带来更大的灾难。

对，这样不可以！为了保护北极，不能让任何人进入。

握拳

我也赞成美琪的观点，但北极领土纷争从上个世纪就开始了。

呼

▶北极之争

随着北极的经济价值不断被外界了解，许多国家摩拳擦掌，想要从中获得利益。

美国、俄罗斯、加拿大、丹麦和挪威等国家相继宣称对邻近的北极地区拥有主权。丹麦与加拿大在格陵兰岛与加拿大埃尔斯米尔岛之间无人居住、冰雪覆盖的汉斯岛的主权归属长期争执不下。加拿大和美国也在连接大西洋和太平洋的海上"西北通道"的主权问题上存在争执。

根据《联合国海洋法公约》，北极周边国家拥有领海外 200 海里的专属经济区，但北极地区尚有 120 万平方千米的"无主"区域。现今，围绕北极地区的争夺愈演愈烈。

1982年，《联合国海洋法公约》规定，200海里*专属经济区属于国家管辖范围。

*海里 航空航海上度量距离的单位。

而剩下的公海*部分，归属权还未确定，而且由于其丰富的资源，各国的竞争也很激烈。

公海

*公海 不属于任何国家的海域。

各国因为资源而争论不休，大打出手，北极的生物要是受到伤害，该怎么办？

所以人们专门成立了一个北极理事会，来保护北极。

ARCTIC COUNCIL

▶ 北极理事会

　　北极理事会是由加拿大、丹麦、芬兰、冰岛、挪威、瑞典、俄罗斯和美国等8个领土处于北极圈的国家所组成的政府间论坛，其宗旨是保护北极地区的环境，促进该地区的经济发展。北极地区的原住民组织在北极理事会中被赋予了永久参与方的地位，而法国、德国、荷兰、波兰、西班牙、英国等6国以及国际红十字会、世界自然保护联盟等作为观察员参与会议。2013年5月，中国、新加坡、韩国、意大利、日本、印度一起获得了该理事会的正式观察员资格。

2015年在加拿大召开的北极理事会

很久以前，韩国也前往北极，调查当地的地质、气候、海洋及生态系统。

这么说，有韩国的研究人员在北极？

当然了。韩国也是北极理事会的正式观察员呢。

哇，好想在北极见到同胞。

北极有个国际科考基地村，里面聚集了各国的科考基地，其中包括了韩国的茶山科考站。

今天太晚了，我们先在雪屋里睡一觉，明天早起就去茶山科考站。

太棒了！

呼噜噜

咳

拜访科考站

斯瓦尔巴群岛

新奥尔松

叔叔，茶山科考站还很远吗？

快到了。茶山科考站就位于挪威斯瓦尔巴群岛的新奥尔松。

哇，好期待！

看！那儿就是新奥尔松北极科考基地村。

就是那儿？

哈哈。这儿过去是个矿山，挪威一家叫作金斯贝的公司把研发基地设在了这里。

我还以为有很多现代的建筑呢。

❯ 新奥尔松北极科考基地村

　　新奥尔松北极科考基地村位于挪威斯瓦尔巴群岛中的斯匹次卑尔根岛沿岸。1966年，挪威极地研究所率先在此设立观测站，之后英国、德国、挪威、法国、日本、荷兰、中国、瑞典、意大利、韩国等10国先后入驻，设立科考站。

意大利科考站

德国科考站

英国科考站

挪威科考站

法国和韩国科考站

中国科考站

这儿就是韩国茶山科考站，和法国科考站共用一座建筑。

哇！

咦？门是敞开的？

在新奥尔松，为了在被北极熊追赶时能有藏身之处，所有科考站的门都是敞开的。

咦？刚好有人在。

哇，真的？

你们好！

噢，是吴导演呀，快请进。

小朋友，你们好！

请问你们是在做实验吗？

嗯，刚好在做可燃冰实验。

简直抑制不住内心的激动了。

那我们可以开始拍摄了吗？

哈哈哈

哈哈，导演还真是直爽的性格。

啊！着火啦！快看！

冰在燃烧！

那不是冰，而是一种叫作可燃冰的物质。

熊熊 燃烧

它的形状和冰差不多，不过它可以燃烧。它是未来的一种新能源。

好神奇！

未来的新能源？

可以用到什么地方呢？

厨房做饭以及公交车用的燃料。

也能用于家庭取暖。

北极阿拉斯加地区的可燃冰储量极其丰富。

真，真的？

随着可燃冰的大规模开采，煤炭和石油等传统能源在未来很有可能被它代替。

怪不得这么多的国家对北极如此感兴趣。

卡！很好！

▶ 可燃冰

可燃冰指的是天然气在海底低温高压的条件下，与水结合而形成的固体能源。它的形状与干冰类似，点火可燃烧，故称为可燃冰。可燃冰储量丰富，污染比化石燃料少，被称为下一代新能源。不过也有结果表明它会加速全球变暖，因此对它还需要更多的研究。

可燃冰

没想到你们在这里做这么重要的研究呢！

哈哈。被小朋友表扬还是第一次呢！

这里的研究样品也会送到极地研究所，用作研究资料。

叔叔，我可以问一个问题吗？您是什么时候来这儿的？

2002年4月29日，科考站成立那会儿，我就过来了，一转眼都10多年了。

在北极待了10多年？

不是的，研究需要才会过来待一会儿，我实际不在这里生活。

在北极生活最困难的是什么呢？

说出来你们可能不信，最困难的是蚊子实在太多了。这里的蚊子太耐寒了。

嗡 嗡 嗡

甩手

请再多介绍一下这里的研究吧。

嗯，好的。

▶ 茶山科考站进行的研究

为了研究北极的环境和资源，茶山科考站在多个领域开展研究，并同其他国家联合进行研究。

气候变化研究

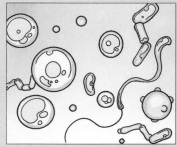

生命科学研究

海洋环境变化研究

在高纬度地区，夏天太阳终日不落的现象，就是极昼。

而到了冬天，终日不见阳光的现象，就是极夜。

极昼现象

极夜现象

▶ 极昼和极夜

地球自转产生了昼夜更替，四季变化则是地球 23.5 度的自转轴倾角和绕太阳公转共同作用的结果。地球的南极和北极靠近自转轴，在地球自转和公转的过程中，其位置几乎不发生变化，所以产生了长时间的白天或黑夜的现象。北半球的夏天靠近太阳一侧，因此出现极昼现象，而南半球则出现极夜现象。

北半球 极昼现象

北半球 极夜现象

南半球 极夜现象

南半球 极昼现象

夏天地球的位置
夏天北半球向太阳倾斜

冬天地球的位置
冬天南半球向太阳倾斜

这下你们明白为什么会出现极昼和极夜了吧？

转头

呼噜

呼呼呼

一得知是晚上，马上就睡着啦？喂，不带你们这么不尊重人的。

哈哈，小白你是"人"吗？就让他们睡吧，今天的确很累呀。

啾啾啾

75

第二天清早

孩子们，我们到了。

好困……

嚯，这是哪儿？

屹立

有什么好大惊小怪的，好像我把你们绑架了似的。

这儿是斯瓦尔巴国际种子库。

种子是什么，就不用我跟你们解释了吧。

种子库？

▶斯瓦尔巴国际种子库

　　国际种子库位于挪威斯瓦尔巴群岛海拔 130 米的高地上，有足球场那么大。它于 2008 年完工，可以抵御地震和核打击。库内存有 86 万份种子备份，温度常年控制在零下 18 摄氏度，如果遇到停电，冻土层内也能保持天然低温。该种子库是为了应对地球遇到重大危机而设，可谓现实版的"诺亚方舟"。

入口　建在岩石山上，储藏库位于地下约120米的深处。

内部　最大可储存450万种作物的种子样本。

北极的探险家们

罗云，快看那边！

哇，超厉害！那艘船可以劈开冰块呢。

噢，那是破冰船。

▶什么是破冰船？

破冰船指的是在南极大陆周边及北冰洋海域也能独自行驶的船舶。破冰船要承担起为其他船舶开辟航路的任务，所以它的船首要比一般船舶宽，以便破碎水面冰层。破冰船主要用于保护船只免受冰山和流冰的撞击。现在世界各国所保有的破冰船约有40余艘，大部分集中在北极，用于北极航路的开辟以及北冰洋资源的开发，小部分（约10艘）在南极地区活动。

破冰船 破碎冰面，开辟航路，可破约1米厚的冰层。

咦？船首还有韩文呢。

嗯，这是韩国的破冰船——Araon号。

▶ Araon号

韩国首艘破冰船，用于南极和北极科考站的物资补给，同时从事极地探险以及海洋的研究活动。

韩国破冰船——Araon号

破冰船工作的原理是什么呢？

让我来揭开它的秘密吧。破冰船会用力冲上冰块，利用重力破冰；而贴附在船体上的冰块，则靠船身左右摇晃使其脱落。

船首和船尾共有4个螺旋桨，可以使船体360度旋转。

哇，有了破冰船，极地探险就能一往无前啦。

79

那在破冰船出现之前，岂不是没人可以去北极探险？

问得好！以前没有像现在这样尖端的装备，所以前往北极探险并不是一件容易的事情，但是北极探险家们从未放弃过努力。

公元前325年，古希腊的毕则亚斯成为北极探险的第一人。

公元前325年？天哪！

他完成了人类历史上的首次北极探险。

毕则亚斯 （公元前380 — 公元前310）
古希腊地理学家、探险家。公元前325年，他到达欧洲西北部，进入了北极圈。

之后，冰岛一个叫作埃里克的人被流放，他一路向西，在985年，发现了一块被冰雪覆盖的陆地。

天无绝人之路，那里有一块新大陆。

那块陆地就是世界上最大的岛屿——格陵兰岛。

北极探险的历史真的是很悠久。

北极这么危险，为什么人们还是想去呢？

这个嘛,我很确定的是,现在的探险活动大多是为了资源。

就是你说的石油、天然气等丰富的资源?

没错。而且北极的鲸、海豹、鲱鱼等渔业资源也很丰富。19世纪以后,世界各国纷纷在北极建立科考站,也都是因为这里丰富的资源。

叔叔,再说说北极探险的故事吧。

英国船长及北极探险家约翰·富兰克林,在1845年带领100多名船员前往北极探险。

约翰·富兰克林（1786—1847）
曾数次前往北冰洋探险。

可惜这支探险队最终被困于冰山之中,不幸全员遇难。

挪威探险家弗里乔夫·南森在1893年前往北极探险,最终也没能到达北极点。

弗里乔夫·南森（1861—1930）
乘坐弗雷姆号探险船,试图横跨北冰洋。

竟然失败了，希望的曙光又一次破灭了吗？

在这以后，美国海军军官罗伯特·皮里对北极点又发出了挑战。

皮里在30岁的时候去格陵兰岛旅行，从而萌发了去北极点的念头。

我一定要去北极点留下自己的足迹。

不过他在1886年到1908年期间，尝试了8次均以失败告终，而且他的8根脚趾因为冻伤而坏死。

瑟瑟发抖

队长，你得赶紧回去治疗。

都快到北极点了，竟然要掉头回去……

伤痕累累

而在1908年，皮里又有了一次去北极点探险的机会。

加油

说不定这是最后一次了。再挑战一次吧！

真的是勇士！身体都这样了，还敢去挑战？

那最后他成功了吗？

1909年4月6日，皮里最终成功到达北极点，成为史上第一人。

我终于到了北极点。

皮里万岁！

哇，真是太酷了。

可是……

1996年，美国地理学会调查其探险日志后，认为皮里并没有到达北极点。

探险日志中的气象情况也不准确。

嗯，有很多疑点呢……

按照皮里的探险日志所述，他最终只能到达离北极点40千米的地方。

The New York Times

研究证实，皮里并没有到达北极点。

不可能！我都努力了这么久，老天爷为什么要戏弄我？

这样说来，皮里并没有到达真正的北极点，那么到达北极点的第一人又是谁呢？

那个人就是挪威的探险家罗尔德·阿蒙森。

阿蒙森？好像在哪里听过？

想起来了！第一个到达南极点的人！

天哪，你还知道这个？

惊呆

小时候，爸爸给我读过阿蒙森南极探险的故事，也是从那时开始，爸爸下定决心要去南极。

阿蒙森既是到达南极点的第一人，也是到达北极点的第一人？这么牛？

准确地说，应该是看到北极点的第一人。

看到北极点？

是的。他并没有亲自踏上北极点，他乘坐飞艇飞越了北极点。

本来阿蒙森要去北极探险的，结果听到了皮里到达北极点的消息。

怎么可能？最先到达的人应该是我！

于是他决定改变方向，前往南极，最终到达南极点。

那阿蒙森是什么时候去的北极点呢？

阿蒙森从未放弃他的北极梦，准备了很多横跨北极的计划。

我真正的梦想还是能够到达北极点。

可是你刚从南极回来没几天呀！还想活命的话，你还是断了继续探险的念头吧。

最后，阿蒙森没有亲自踏上北极点，而是通过乘坐挪威号飞艇，首次飞越了北极点上空。

哈哈，北极点就在我的脚下！

阿蒙森最后也只是看到了北极点，这应该不算吧。

那他到底算不算是最先到达北极点的人呢？

当时学界证明皮里没有到达北极点之后，也有一部分学者认为，阿蒙森是到达南极点和北极点的第一人。

寻找北极点.

赶紧去北极点吧。那我就成为第一个踏上北极点的小朋友了，哈哈。

我看你是在做梦吧，你都不知道北极点在哪儿。

谁说我不知道的？北纬90度不就是北极点吗？

北纬90度

罗云说的是地理北极。

啊？难道还有其他的北极点？

嗯，还有一种是地磁北极。

★ 地磁北极

地理北极

这儿是地理北极，位于北纬90度，西经0度。

这儿是地磁北极，它的位置一直在变动。

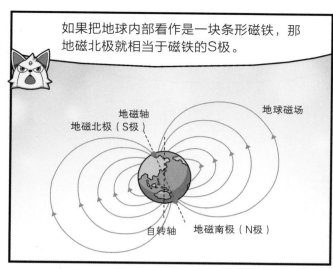

如果把地球内部看作是一块条形磁铁，那地磁北极就相当于磁铁的S极。

地磁轴
地磁北极（S极）
地球磁场
自转轴
地磁南极（N极）

那条形磁铁的N极就是地磁南极？

没错。

▶ 地理北极和地磁北极

地球上有两个北极点，一个是我们经常说的地理北极，还有一个是地磁北极。前者也被称为真北，后者也被称为磁北。

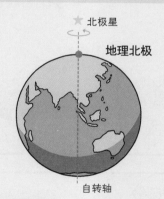

★北极星
地理北极
自转轴

地理北极（真北）
地球的自转轴与北半球表面的交点，地图上标记为北极点，北极星在该点的正上方。

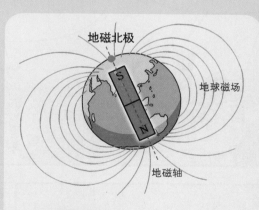

地磁北极
地球磁场
地磁轴

地磁北极（磁北）
地球内部存在磁场，好比内部有一块巨大的条形磁铁，而磁性最强的两端分别位于两极，即地磁北极和地磁南极。

▶ 地球磁场形成的原因

地球由地壳、地幔、外核、内核组成。其中，外核是高温高压的液体状态，会发生缓慢的移动，故而产生巨大的磁场，称为地球磁场。

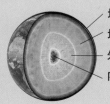

地壳
地幔
外核
内核

▶ 猛犸象

　　猛犸象是一种哺乳动物，生活在480万年前至4000年前的上新世时期。它的鼻子很长，耳朵很小，象牙约4米，向上弯曲。猛犸象身披厚毛可以御寒，据推断，猛犸象在最后一次冰期结束时灭绝。与一般的大象相比，猛犸象的肩高更高，这是因为它的肩部有厚厚的脂肪层以用来御寒。

猛犸象的复原模型　1935年，人们在朝鲜咸镜北道发现了猛犸象的骨骼化石。

猛犸象长得像大象，不过它的体毛要厚重很多。

这样才能在寒冷的北极生活呀。要是恐龙的话，恐怕早就冻死了。

这么说不太对。直到白垩期晚期，北极一直有恐龙存活。

真的？

恐龙不是对温度很敏感吗？北极太冷了吧……

在恐龙生活的时代，北极还是树木茂盛，

直到白垩期晚期，气温慢慢下降，冰期开始。

▶白垩纪晚期的地球

　　中生代白垩纪晚期指的是约9960万年前至6550万年前的时期。当时的地球被分为7块大陆，气候开始慢慢地变凉爽，世界上很多地方生成了高山，两极开始出现冰川。这个时期也是恐龙、翼龙、鱼龙走向灭绝的时期。

嚯，叔叔又是怎么知道的？你又没有在恐龙时代生活过。

通过在北极发现的恐龙化石就可以知道了呀。

北极还有恐龙化石？

▶ 在北极发现的生物化石

奇虾

　　原始虾类的一种，生存于古生代寒武纪。人们在格陵兰岛北部发现其化石。据推断，奇虾大小如同成年人的前臂，通过类似鲸的触须滤食浮游生物为生。

提塔利克鱼

　　生存于古生代泥盆纪，同时具有鱼类及两栖类的特征，其化石发现于加拿大北部的埃尔斯米尔岛。提塔利克鱼身上有4个发达的鱼鳍，就好像是4只脚。

北极熊龙

　　存活于中生代白垩纪的肉食恐龙，其化石发现于阿拉斯加北部。它属于暴龙的一种，体长约7米，被认为是当时北极最厉害的捕食者。

远古骆驼

　　存活于新生代上新世，其化石发现于加拿大的埃尔斯米尔岛。外形如同现在的骆驼，驼背上有驼峰，里面储藏有脂肪，它以此在冬天维持体温。

白垩纪火山活动活跃，在北极掀起大规模的造山运动，那些还没来得及前往温暖南方的恐龙，就这样被困在了山里。

唉，怎么会变成这样？

而像北极熊龙这样的巨型肉食动物，也在食物不足和天气寒冷的条件下，进化成很小的体形。

你也是肉食恐龙啊，怎么这么小？

食物不够而且天气寒冷，我的体形只能逐渐变小呀。

▶ 北极曾经也有过恐龙

恐龙的灭绝原因，历来众说纷纭。一般认为，约在6500万前陨石撞击地球，造成大规模乌云密布，阻隔阳光，天气随之变冷，使得恐龙无法生存。不过，最近比利时自然科学研究所的一个团队，在俄罗斯东北部的江河里发现了大量的恐龙和恐龙蛋化石，而这些化石的年代比陨石撞击时要早上数百年，由此证明恐龙也曾在北纬70度以北的地区繁衍生息。这项研究向人们展示了恐龙温度调节的新机制。虽然恐龙时代的北极要比现在温暖很多，但冬天零度以下的气候对恐龙来说并不好过。

地磁北极是地球上磁性最强的地方，而它由地球内部的外核决定。

这个我知道，刚才说过的。

磁力线

外核的运动

地幔

而外核呈液体状态，会发生流动，因此地磁北极的位置也随之发生变化。

好复杂。以前的探险家可没有现代化的装备，他们是怎么找到的呀？

你也健忘了吗？那是地理北极，所以才可以找到吧？

脑袋快炸啦

小白，透露一下，我们这次肯定可以准确地找到吧？

当然。有我带领你们，所向披靡呀！看，就在那里。

指向

这儿就是准确的地磁北极吧?

我是世界上第一个到达地磁北极的小孩。

那我就是世界上第一个到达地磁北极的机器人。

孩子们,我们一起来照张相。

现在我们就去地球的另一端——南极!

哇,我终于能见到爸爸啦。

充满机遇的海洋——北冰洋

北冰洋的面积达1310万平方千米，占全世界海洋总面积的3%。随着全球变暖的加剧，北极的冰融化，其面积也在不断增大。对此也有人认为，全球变暖虽说是个严重的问题，但也要接受北冰洋变大的事实，并加以合理的利用。

▶ 新的航线

过去，从韩国出发的船只前往欧洲，需要经过太平洋和印度洋，并缴纳昂贵的费用通过苏伊士运河。这种运输货物的方式需要大量的时间、燃料以及船只费用。而现在，前往欧洲仅需原先一半的时间和燃料。北冰洋的浮冰融化，为开辟一条新的航线提供了便利。经济学家认为，这将带来海洋运输的革命，而韩国离北冰洋较近，且以出口贸易立国，有望获得更大的经济收益。

▶ 渔业资源的宝库

北冰洋的渔业资源物种超过125种，且种群数量逐渐增加。这是因为原先水温很低的北冰洋，随着全球变暖水温逐渐升高，吸引了原先在周边生活的冷水性鱼类，包括鲑鱼、明太鱼、鳕鱼、鲱鱼、鲐鱼等，由此形成了大规模的渔场，如阿拉斯加北岸以及格陵兰岛南岸渔场等。现在这些渔场的捕获量约占全球渔场捕获量的37%。北极周边的各个国家，为了争夺北冰洋沿岸的渔场，展开了激烈的竞争。

北冰洋渔船以及
代表鱼类——鲑鱼

03

南极

　　南极是地球上最冷的地方，人们必须经过以险闻名的德雷克海峡才能到达。南极有很多种动植物，组成了一个和谐的生态系统，其中最有代表性的物种莫过于"南极绅士"——企鹅。南极也是一片神秘的大陆，气候上的寒冷干燥造成其地形复杂多变，还有很多奇异的自然现象，绝对让你大开眼界。

穿越德雷克海峡

这儿就是南极了？

不是，还得再往前。

要通过德雷克海峡，才能到达南极。

德雷克海峡？

南美洲

德雷克海峡

南极半岛

德雷克海峡位于南美洲和南极大陆之间，是世界上最宽的海峡。

探险家中流传着这样一句话，只有穿越德雷克海峡的勇士，才具备登陆南极的资格。德雷克海峡的险要程度可见一斑。

这么……危险？

特别是南纬60度海域波涛汹涌，平均浪高*可达10米，且水流速度极快，无数船只倾覆海底。德雷克海峡也被称为"魔鬼海峡"。

*浪高 海浪的高度。

看那儿的冰山。

哇，真的很平整，就像桌子。

据说这种平整的冰山只能在南极见到呢。

赫然入目

我们终于到南极啦！

万岁

寒风凛冽

全身发凉

好冷。

南极真是太冷了。

颤抖

颤抖

哈哈，南极是地球上最寒冷的地方，当然冷啦。

▶ 南极的气候

　　南极是地球上最寒冷的地方，约 90% 的地区常年被冰雪覆盖。内陆中心地区年平均气温低至零下 55 摄氏度，而特定地区极端气温可低至零下 88.3 摄氏度。海岸地区相对温暖，在最热的月份，温度可上升至零下 1 摄氏度。不过海岸地区要比内陆多风，经常发生暴风雪，因此体感温度要比实际温度低很多。海岸地区有时也会下雪，而内陆地区则比撒哈拉沙漠还要干燥。

南极的暴风雪

"南极绅士"

帝企鹅

栖息在南极大陆周边，是企鹅家族中最大的一种，身高可达1.2米，体重约20～50千克。帝企鹅全身黑白分明，耳朵的羽毛为鲜黄橘色，而胸部的羽毛呈嫩黄色。帝企鹅是唯一一种在南极的冬季繁殖的企鹅，每年3～4月，帝企鹅们成群结队，少则数十只，多则上万只，然后在5～6月产卵。帝企鹅主要以鱼类、磷虾、乌贼为食，一般寿命达20年。

▶企鹅的特征

　　企鹅是栖息于南半球的鸟类，不会飞，像人类一样直立行走。此外，企鹅的脂肪层很厚，全身皮毛保温效果良好，这些特征都有利于它们在南极生存。

羽毛
羽毛纤细致密，入水时也能避免水接触皮肤。

翅膀
翅膀类似于船桨的作用，使它在水中行动迅速。

脚
在冰雪上行走，也不会被冻伤。

体形
海豚般的流线型，有利于它在水中行动。

平均 24km/h

最快约 48km/h

企鹅在水中的时速一般能够达到24千米，最快速度能够达到每小时48千米。

哇，说它是鱼肯定也有人信的。

企鹅还有更惊奇的能力，就是能够下潜到非常深的海底。

有多深呢？

企鹅为了捕食甲壳类或乌贼，往往下潜到海底。拿帝企鹅来说，它们可以下潜到水下500米的地方，并且潜水20分钟以上。

500米

知道得越多，越发现企鹅是种神奇的动物。

你看它们摇摆走路的样子，真是越看越搞笑。哈哈！

一摇

一摆

一摇一摆虽然看起来很好笑，不过那也是在寒冷南极的生存法则。

那样走路也算是生存法则？

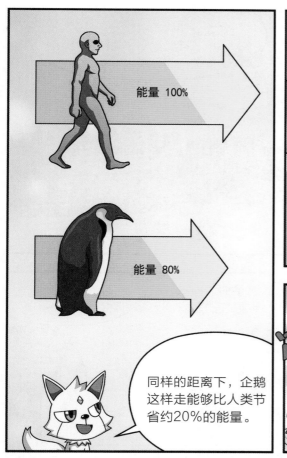

能量 100%

能量 80%

同样的距离下，企鹅这样走能够比人类节省约20%的能量。

而且提脚慢慢走路，不容易在冰面上打滑。

我们也来学企鹅走路，哈哈，真好玩。

一摇

一摆

凛冽的寒风

啊，好冷啊。

发抖

发抖

咦，它们在干吗？

凛冽的寒风

发抖 发抖

发抖

竟然能亲眼看到帝企鹅集群，今天的运气真不错。

▶战胜严寒的智慧——集群

很多只帝企鹅集合在一起，排着整齐的队伍，身体紧贴着身体，共同对抗南极的严寒。此时，企鹅们会从队伍的边缘到中心，再从中心到边缘，互相变换位置，以维持每只企鹅的体温。

集群 队伍的中心要比边缘高10摄氏度，企鹅们轮流变换位置，保证每只企鹅都能获得温暖。

呀，真是太可爱了。心都要融化了。

不过它们的父母去哪儿了，怎么只剩下孩子们？

它们的父母都去觅食了。只留下一两只成年企鹅，来照看小企鹅们。

真的是幼儿园呢。

那在这个幼儿园里，小企鹅们也能学到东西吗？

那是当然的。它们一起进食，一起玩耍，还能学习集群这种生存法则。周边的成年企鹅会轮流交替，起到老师的作用。

不过等它们的父母回来了，怎么认出自己的孩子呢？

是呀。小企鹅们长得都一样呀。

企鹅不是通过外貌，而是通过叫声来找自己的孩子的。

▶ 闻声识"鹅"

企鹅通过叫声来认出家人。比如说，帝企鹅或王企鹅通过叫声来寻找家人，叫声可传到1千米以外的地方。除此之外，寻找配偶以及外敌入侵时，企鹅也会发出叫声。

王企鹅

咦？怎么都围过来了？

哈哈，帝企鹅好像对你特别感兴趣。

企鹅不怕人，它们看到同自己一样直立行走的人类，会很好奇并仔细欣赏。不过我们不能随便碰它们。

不要靠近我，不要碰我！

晃动 晃动

罗云和帝企鹅差不多高。

嗯，帝企鹅是企鹅中最大的。

120cm

100

90cm

70cm 70cm 70cm 80cm

50

0

(cm) 阿德利企鹅 马可罗尼企鹅 帽带企鹅 巴布亚企鹅 王企鹅 帝企鹅

笨蛋，快点，爬出来就行了。

快把我弄出去。

窒息

呃……这么热情，我可真受不了。

小白，关于南极的企鹅，请再多说一点儿。

好的。

咕嘟 咕嘟

生活在南极的企鹅

　　企鹅是南极生态系统的重要组成部分，约占南极鸟类总数的90%。它们主要分布在包括南极半岛在内的南极大陆沿岸以及德雷克海峡周边。

帽带企鹅
身长约70厘米，体重约6千克，脖子底下有一道黑色条纹。帽带企鹅具有攻击性。

凤头黄眉企鹅
身长约50厘米，体重约3千克，长着粉色的脚、红色的眼睛，眼睛上面有长长的绒毛。它以双脚跳跃的方式在岩石上前进。

马可罗尼企鹅
身长约70厘米，体重约6千克，双眼间有左右相连的橘色的装饰羽毛，脚为粉红色。

阿德利企鹅
身长约70厘米，体重约6千克，眼睛为黑色，眼周围是白色，像是个纽扣。阿德利企鹅好奇心重，不怕人。

巴布亚企鹅
身长约80厘米，体重约8千克，长着橘红色的喙和脚，尾巴长，眼睛上方有一道白色的条纹。

王企鹅
身长约90厘米，体重约11~16千克，体形是现存企鹅中第二大的，颈侧和耳后有明显的近金色的橘黄色斑块。

看那儿。企鹅妈妈在孵蛋呢！

那不是企鹅妈妈，而是企鹅爸爸。

什么？雄性企鹅孵蛋？

企鹅孵蛋由雄性和雌性轮流进行。而在帝企鹅群里，都是雄企鹅孵蛋，雌企鹅出去觅食。

老公，我出门啦。

孩子有我呢，不要担心。

分工合作很明确呀。

就这样一动不动地站着，脚不会冻到吗？

企鹅的脚结构很特别，在严寒的条件下也不会冻伤。

▶ 企鹅的脚不会冻伤

企鹅全身被羽毛覆盖，皮肤下面还有厚厚的脂肪层，不容易冻伤。特别是企鹅脚上有一种叫作"逆流热交换系统"的血管组织。它能够将从心脏流出的温热动脉血液适当冷却后传至脚底，然后将脚底回流的冰凉静脉血液适当加热后，运送至全身各处，从而最大限度地避免体温向外部流失。

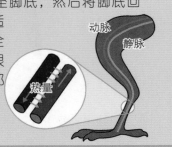

动脉

静脉

热量

不过，要是蛋不幸掉落，就会在1~2分钟内冻僵，所以它们只能一直站在原地不动。

哎呀，掉了。

转圈

冻僵

110

帝企鹅每次只产卵1枚，所以企鹅蛋非常珍贵。雄企鹅会寸步不离地守护企鹅蛋，直到孵化为止，整个过程约64天，而它只靠吃雪过活。

吃惊

整整两个月，要战胜严寒和饥饿……这些企鹅好伟大。

看那儿！刚出生的企鹅宝宝。

破壳而出

企鹅宝宝看上去好像很饿。

咕噜

咕噜

怎么办？没有吃的……该不会就这样饿死了吧。

看好了。企鹅爸爸嘴里吐出类似牛奶的东西，这就是为了应对这种情况，而事先储存的"企鹅奶"。

咕咚

▶企鹅奶

雄性帝企鹅在卵孵化的64天，外加孵化后的10天之内，都会坚守自己的宝宝，寸步不离。它会第一时间把存储在自己胃里的食物喂给自己的孩子，这种食物被称为企鹅奶。

雄性企鹅喂给孩子企鹅奶

帝企鹅爸爸真是太了不起了。

好感动！不过美琪你可真容易掉眼泪。

生活在南极的动物

怎么突然这样？

天上有什么东西吗？

咕嘟嘟

转头

看那儿！

盘旋

盘旋

啊，不好。是企鹅的天敌——南极贼鸥。

南极贼鸥

身长约50厘米，背部和翅膀为灰褐色，胸部以及腹部颜色稍亮。它以鱼类为食，也吃海豹尸体及磷虾。它是一种候鸟，在南极繁殖，天气转冷后飞往太平洋等地。

他们盯上了企鹅蛋。

什么？蛋？

是啊，这些都是自然的法则，企鹅也猎食其他的动物。

看！企鹅们开始猎食了。

咻
啪啪
扑腾
扑腾

我们也跟着企鹅，去海里转转吧。

大步
大步

好。

大海才算得上是企鹅的乐园。

咕噜噜

对啊，它们在大海里的行动可真是异常敏捷。

畅行
无阻

海里看起来很平静，其实还有很多动物在盯着企鹅呢。

真，真的？

就是那种海豹。看！

嗷呜

哇！看那锋利的牙齿！

嗷

像是海底怪物。

豹形海豹

身长约4米，体重约500千克。与其他海豹捕食乌贼和鱼类不同，豹形海豹生性凶猛，主要攻击企鹅及海狗等。

海豹中的豹形海豹是南极的猛兽，甚至还会捕食其他海豹。

呃，南极也有如此可怕的动物。

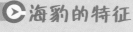
紧咬牙关

哈哈，别怕。海豹在陆地上是用蹼爬行，只要别太靠近它，就不会有危险。

只要别太过分，我就不会攻击你。

▶ 海豹的特征

海豹是哺乳动物，头圆，无耳壳。游泳时，海豹脚趾并拢呈鱼鳍状。

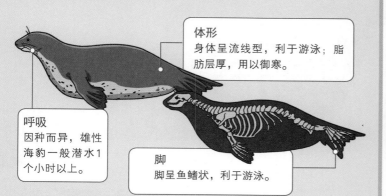

体形
身体呈流线型，利于游泳；脂肪层厚，用以御寒。

呼吸
因种而异，雄性海豹一般潜水1个小时以上。

脚
脚呈鱼鳍状，利于游泳。

南极广泛分布着各种各样的海豹。

哗哗哗

有哪些呢？

▶生活在南极的海豹

　　海豹、海狗等海洋哺乳动物属于鳍足亚目，它们原先在陆地生活，长时间身处海洋后逐步进化，变成现在的样子。

锯齿海豹（食蟹海豹）
身长约2～2.5米，体重约230千克，能潜至深海，以甲壳类为食。雄雌锯齿海豹恩爱和睦，警戒心强。

豹形海豹
身长约4米，体重约500千克，下颌力量大，牙齿锋利，生性凶猛。

韦德尔氏海豹（威德尔海豹）
身长约2.5～3米，体重约400千克。它身形圆滚滚的，眼睛大，性格温顺。

罗斯海豹
体长约2.3米，体重约200千克。背部深黑色，腹部较亮，比较少见。

象海豹
成年雄性象海豹身长约6～7米，体重约3～4吨。雄性象海豹的鼻子突出，就像大象一样。

南极的捕食者——海豹和海狗，也一度因为人类活动而濒临灭绝。

为什么？它们给人类带来了伤害？

因为海狗的皮，以及象海豹身上的油脂。

油脂能有多少呢？就因为这些来残害无辜的动物？

一头雄性象海豹，能够提取的油脂约700升。

天哪，这么多？

真是难以置信的数字。

但是再怎么说，也不能因为钱对动物赶尽杀绝呀，真是太残忍了。

就是，照这样下去，整个南极就会空空如也。

勃然大怒

南极除了海豹，还有地球上最大的动物——鲸。

鲸？在哪儿？

咦？它们在干吗？

鲸竖立在水中，一动也不动？

嘘！它们在睡觉。

竖立着睡觉？

▶ 鲸的特征

鲸在外形上与鱼类相似，不过它用肺呼吸，胎生，是不折不扣的哺乳动物。据推测，鲸原先在陆地生活，后来进化适应在水中生活。

呼吸
在水中生活，却用肺呼吸，头顶有气孔。

脂肪层
皮肤下的脂肪层维持其体温，也有利于它在水中漂浮。

足
前足呈鳍状，后足已退化。

尾巴
尾巴是横向的，与鱼类不同。

嚯，刚睡醒就潜水。

呗哗呗哗呗哗

抹香鲸能够屏息90分钟以上，下潜到水下约3000米的地方。

除了抹香鲸，还有其他的鲸吗？

当然有啦。南极的鲸大致分为须鲸和齿鲸。

▶ 生活在南极的鲸

鲸冬天在温暖的热带或亚热带海域繁殖，夏天回到食物较多的南极附近海域。根据口腔结构，鲸可分为须鲸和齿鲸。

▶ 须鲸

须鲸通过上颌的鲸须，滤食磷虾、鱼类、甲壳类为生。

座头鲸
身长约11～16米，体重可达35吨。座头鲸背部弓起，胸鳍几乎长达身长的三分之一。

蓝鲸
身长约23～27米，体重约160吨，是地球上最大的动物。刚出生的小鲸约7米长。

小鳁鲸
身长最长可达10米，体重不超过14吨，一般独居，在南极也会数百头群居。

长须鲸
身长约20～27米，体重可达75吨。长须鲸的游泳时速可达37千米，是大型鲸中速度最快的。

▶ 齿鲸

齿鲸通过牙齿捕食鱼类、乌贼、海豹、海狗等动物，还攻击其他的鲸。齿鲸约占鲸总数的90%。

抹香鲸
身长最长约20米，体重约30吨，是齿鲸中最大的，也是大王乌贼的天敌。

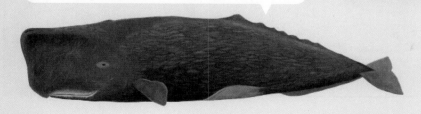

虎鲸
身长最长约12米，体重约12吨，是海洋中最顶尖的捕食者，手段高超，猎食鲨鱼及其他的鲸。

没想到南极的鲸这么多。

南极食物多，磷虾也多。

看，这些都是磷虾。

咦？不就是小虾米吗？

密密麻麻

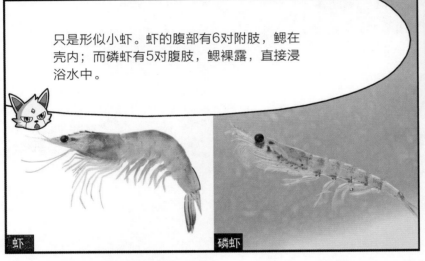

只是形似小虾。虾的腹部有6对附肢，鳃在壳内；而磷虾有5对腹肢，鳃裸露，直接浸浴水中。

虾

磷虾

磷虾

身长最长约6厘米，大部分身体下面有发光器官，夜晚也可见。外形和虾类似，不过两者没有亲缘关系，磷虾是一种软甲纲动物。

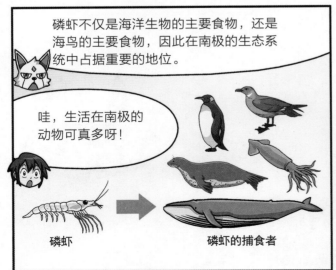

磷虾不仅是海洋生物的主要食物，还是海鸟的主要食物，因此在南极的生态系统中占据重要的地位。

哇，生活在南极的动物可真多呀！

磷虾

磷虾的捕食者

南极虽说不适于人类生存，对这个地方的其他生物来说，却是一个食物丰富的富饶之地。

那这里的海鸟也很多吧？

我们去外面看看海鸟，怎么样？

▶ 生活在南极的海鸟

大部分生活在南极的海鸟，一般从10月份——也就是南半球的夏天开始筑巢繁殖，等到来年的4~5月份，就飞往温暖的北方。

威尔逊风暴海燕
体长约18厘米，深褐色，是生活在南极个头最小的飞鸟。

蓝眼鸬鹚
体长约75~85厘米，数十只成群生活在海岸边。

南极燕鸥
体长约31~38厘米，头顶呈黑色，胸、腹部为白色。

南极的海鸟种类很多，有个头很小的小鸟，也有翅展超过1米的大鸟。

漂泊信天翁
体长约110厘米，大部分时间都在飞行，它不拍动翅膀，也能在空中滑翔好几天。

巨海燕
翅展约2米，在悬崖岩壁上筑巢。它的力量很大，可捕食小企鹅。

白鞘嘴鸥
体长约36~41厘米，全身白色，无脚蹼，不擅长游泳。

生活在南极的植物

▶地衣类和苔藓类

地衣类

地衣类是菌类和藻类混合组成的共生联合体。构成地衣的菌类有霉菌等，藻类有绿藻和蓝藻等。菌类和藻类互相供给水分和养分，主要贴附树皮或岩石生长。

苔藓类

苔藓类植物种类很多，有些茎叶分化不明显。它们主要分布于南极大陆周边地区。

看那儿，苔藓都开花了。

你骗人，这么冷怎么开花？而且苔藓不开花呀。

眨眼

就在这儿呢。

咦，真的是花呢……

这个不是苔藓，而是南极漆姑草，是一种开花的被子植物*。

南极也开花，真是太神奇了。

南极漆姑草

个体很小，难以发现。2月中旬，南极漆姑草通过自花受精开花，种子比芝麻小得多。

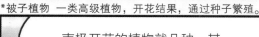

*被子植物 一类高级植物，开花结果，通过种子繁殖。

南极开花的植物就几种，其中一种就是南极漆姑草。

它成簇生长，在潮湿的向北斜坡处可见。

还有什么植物也开花？

这边的草丛开黄花。

草还会开花？

罗云又找到了一种。这个叫南极发草，外形如草。

南极发草

单子叶禾本植物，2月中旬开淡黄色的花，和苔藓类植物共生。

罗云，不要踩那个。

嗯？不就是地衣吗？

停住

南极地衣生长需要很长的时间，用脚踩1次，需要10年才能恢复。

一哆嗦

什么，10年？

呼，差点干了件坏事。我差点毁了珍贵的南极植物。

哈哈，小心点。

哒

原来全是冰雪的南极，也有很多植物生存呢。

南极生活着很多植物，包括被子植物、地衣植物、苔藓植物等。

南极大陆被冰川覆盖，自然环境十分恶劣。尽管如此，在夏天冰川融化的一部分海岸，还是能够发现几处适应环境的独特植物群。

▶ 地衣类

一类不开花、利用孢子繁殖的植物，在低温和干燥的环境中也能存活，在养分极少的岩石或砾石区也能见到它们。南极的地衣类植物有350余种，根据不同的形态，可分为枝状地衣、叶状地衣和针状地衣等。

呈长树枝状的南极地衣植物

▶ 苔藓类

同地衣类一样，苔藓类也是南极的常见植物，主要分布在南极半岛和南极大陆周边地区。苔藓类大部分呈草绿色，有枝叶，这点和地衣类不同。苔藓类植物普遍小而密，就像是绒毯一样，这是为了减少水分的流失，同时更快速地吸收水分。

夏天将南极染成草绿色的苔藓植物

▶ 淡水藻类

生活在水中，并能进行光合作用的原生生物。淡水藻类主要包括蓝藻、绿藻等，既有硅藻等单细胞藻类，也有溪菜等多细胞藻类。生存于南极淡水溪涧、湖泊的藻类，目前发现的有700余种，这些藻类都有细胞壁，可以适应寒冷的环境。

冰川融化形成小溪，其中生长着淡水藻类

来自欺骗岛的"欺骗"

这儿真的是南极吗？

轰隆隆

也没有冰雪，好像非洲沙漠一样。

这个地方叫作南极干谷，即干燥的河谷之意。

它也是这个星球上最寒冷的地方。

嗯？

没有任何生物。

咻

地表连苔藓都没有。

▶ 南极干谷

南极干谷指的是位于横贯南极山脉的三处谷地，分别是泰勒干谷、赖特干谷和维多利亚干谷。南极干谷曾被冰川覆盖，200 万年以上的时间没有降水，雪也很少，比沙漠还干燥。最冷的时候，气温可下降到零下 80 摄氏度。它是由斯科特第一次南极探险时首次发现的。

泰勒干谷

赖特干谷

维多利亚干谷

不是说这儿是最冷的地方吗，怎么连冰川都没有？

因为地面吸收阳光的热量，蒸发积雪，而未被蒸发的雪也会在强风的作用下散落四处。

这么冷的地方，比沙漠还干燥。

好像来到另外一个星球。

嗯，实际上南极干谷的环境和火星很像。每年都有很多学者来到这个地方做研究。

他们是想通过南极来观察火星的情况吗？

咦？那边的湖水没有结冰呀。

怎么可能？这么冷的地方，怎么可能不结冰？

我们走过去看看吧。

真奇怪！真的没有结冰呀！

这个湖泊叫作唐胡安池，其盐度比死海还高，零下50摄氏度也不会结冰。

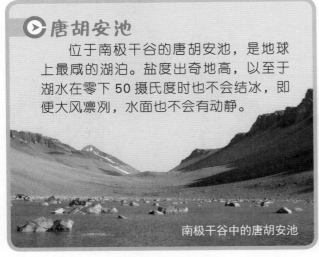

▶ 唐胡安池

　　位于南极干谷的唐胡安池，是地球上最咸的湖泊。盐度出奇地高，以至于湖水在零下50摄氏度时也不会结冰，即便大风凛冽，水面也不会有动静。

南极干谷中的唐胡安池

这儿这么干燥，哪来的水呢？

犯糊涂了吧，肯定有地下水啦。

科学家一开始也和罗云一样，认为水来自地下。

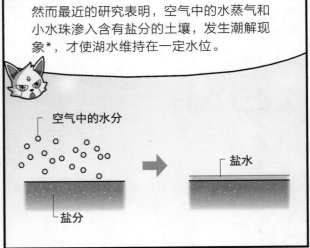

然而最近的研究表明，空气中的水蒸气和小水珠渗入含有盐分的土壤，发生潮解现象*，才使湖水维持在一定水位。

空气中的水分

盐水

盐分

*潮解现象　固体吸收空气中的湿气而发生的自行溶解现象。

128

看那儿，湖中央有什么东西在发光。

该不会是……宝石？

闪闪发光

那是南极石。看起来像钻石那样闪闪发光，实际上是盐分和水结合产生的矿物。

▶南极石

1965 年，首次在唐胡安池的岩石周围发现南极石。它无色透明，外形很像长条形的水晶，是氯化钙和水结合产生的一种矿物。南极石在高温高湿的条件下很容易消解，因此只有在低温干燥的唐胡安池周边才能见到。

其实就是个大盐块？

只在南极才有的矿物，那一定可以卖出高价吧？说不定我就发大财啦！

温度和湿度稍有变化，南极石就很容易消解，因此就算拿回去也没用。

好了，我们快点走。南极除了唐胡安池，还有好多神奇的地方呢。

好的！

咻咻咻

啊！好恐怖！

怎么了？

转头

呜呜

那个海豹尸体……

唉，这里太干燥了，看来它是渴死的。

赫然映入眼帘

可是为什么它会死在这里呢？

会不会被猎人抓走后，又丢弃在这里？

沉思

那是年代非常久远的干尸。

干尸？

南极内陆气候非常干冷，细菌几乎不能存活。

没有了细菌，尸体也就不会分解，最后变成了干尸。

南极真是一个值得研究的地方。

▶ 欺骗岛

　　欺骗岛位于南设得兰群岛中，是一座直径约 15 千米的火山岛，呈马蹄形。1918 年，英国水兵发现并占领欺骗岛后，在此大肆捕鲸，之后人们在此建立南极观察基地。1967 年火山喷发，把英国、阿根廷和智利建立的南极观测基地夷为平地。之后的 1969 年和 1970 年，火山再次喷发。现在火山已经停止喷发，不过仍在活动中，时常冒烟。岛上的最高峰海拔约 539 米，岛内多处温泉喷涌，吸引来自世界各地的游客前来泡温泉。另外，该岛也是著名的企鹅栖息地。

冰雪覆盖之下，怎么还会有活火山呢？

南极是一片大陆呀。

其他大陆发生的火山活动、地震等自然现象，在南极也会发生。

▶ 南极的三大活火山

　　南极的火山被厚厚的冰雪所覆盖，因此火山喷发时产生的高温喷发物，遇水引起更剧烈的爆发。南极最具代表性的活火山有三座，其中埃里伯斯火山海拔3794米，火山口内外都有随时活动的喷气孔；墨尔本火山海拔约2732米，最近观察到有气体喷出；而欺骗岛火山现在仍处于静止状态，不知道什么时候会再次喷发。南极的火山活动会影响全球气候，科学家们对此一直进行实时的观察。

埃里伯斯火山

墨尔本火山

欺骗岛火山

来都来了，要不我们泡会儿温泉再走？

水汽

升腾

汗

不要，指不定火山就喷发了！

逃跑

南极的探险家们

那儿有个窝棚。

不是说南极没有人居住吗？

谁说南极没有人居住的？过去一些探险队就在南极建立了基地。

哇，这个窝棚都有上百年的历史啦！

最近人们还在这个窝棚附近，发现了该探险队队员莱韦克留下的企鹅研究日志。

▶ 斯科特探险队的企鹅研究日志

2013 年，人们在英国斯科特南极探险队的基地附近，发现了乔治·莫里·莱韦克留下的企鹅研究日志。由于冰雪融化，这部日志才得以被人们发现。发现当时，冰雪的痕迹导致字迹很难辨认，一名法国专家花了近 7 个月的时间复原，终于使其重见天日。乔治·莫里·莱韦克是一名医生，也是一位动物学家，于 1910 年至 1913 年参与斯科特探险队，主要研究企鹅的生态。

企鹅研究专家——乔治·莫里·莱韦克

嗬，这儿还有食物呢……这些还完好无损吗？

嗯。南极极其寒冷，所以食物能保存得很好。

当时，英国的探险家斯科特和挪威的阿蒙森为了抢先到达南极点，弄得满城风雨。

这个阿蒙森我知道。就是因为皮里，放弃北极探险，转而进军南极的那个人。

嗯，记性不错嘛！

斯科特得到了英国政府的全力支持，做了充分的准备。

很多食物

万事俱备。

科学家和西伯利亚小马

摩托雪橇

毛织衣物

罗伯特·斯科特

而阿蒙森户外探险经验丰富，听取了很多北极原住民的意见。

食物？去打猎就行。

本来想去北极来着，突然改变路线，也没时间准备。

雪橇犬

很少的食物

皮衣

罗尔德·阿蒙森

接下来，两人向着南极点发起了冲击。谁会最先到达呢？

南极点

阿蒙森的路线

斯科特的路线

当然是准备更充分的斯科特吧？

猜错了哦，是阿蒙森率先到达。斯科特到达的时候，比阿蒙森足足晚了33天。

斯科特的摩托雪橇在严寒条件下，无法发挥应有的作用。而西伯利亚小马没能经受住严寒，都冻死了。

呼呼

而且他带了太多的东西，行进非常缓慢。

这些我们都要拉着走吗？

累死了。

哼哧

哼哧

寒风凛冽

结果斯科特不仅在竞争中败北，而且回程途中燃料和食物耗尽，他和队员都不幸遇难了。

啊，太悲惨了。

与他相反，阿蒙森参照了北极原住民的经验，耐寒的队员、皮衣、狗拉雪橇、雪屋等帮助他顺利抵达南极点。

万岁！我先到了。

▶ 人类的南极探险史

18世纪后半叶，詹姆斯·库克完成了人类首次南冰洋环游航行，从此，南极成为很多探险家的乐园。特别是南极探险事关个人和国家的荣誉，19世纪以后，南极探险兴盛一时。

英国的詹姆斯·库克船长完成了南冰洋的环游航行，却没有发现南极大陆。

1773年1月17日

1819年10月15日

英国的威廉·史密斯发现南设得兰群岛。

英国的布朗斯费尔德将南设得兰群岛命名为乔治王岛。

1820年1月22日

1820年11月17日

美国的纳塔尼尔·布朗·帕尔默船长发现南极半岛。

挪威的亨里克·布尔首次登陆南极大陆。

1895年1月24日

1909年1月15日

英国的欧内斯特·沙克尔顿的探险队到达地磁南极。

挪威的罗尔德·阿蒙森于1911年12月14日，首次到达南极点。

1911年至1912年

1912年1月28日

日本陆军少尉白濑矗率领的探险队到达南纬80度5分。

英国的斯科特于1912年1月18日达到南极点。

包括斯科特在内的最后3个人饥寒交迫，最终死在离食物补给站还剩800米左右的帐篷里。

好可怜。只要再前进一点点，就能到达食物补给站，或许还能活下来……

呼呼

你还是不太了解南极的气候。在南极要是遇上暴风雪，连眼前的人都看不清。

呼呼

与其在寻找补给站的路上徘徊，不如待在帐篷里，等待风雪停止，他们觉得这才是最佳的选择。

原来如此。他们就这样在风雪中活活冻死了，真是太遗憾了。

噙满泪水

斯科特虽然不是到达南极点的第一人，却为后人留下了很多宝贵的东西。

真的？

斯科特留下了很多科学资料。在前往南极点的途中,他记录了天气情况。

我们之所以去南极探险,就是想要了解南极的一切。

收集岩石标本,还研究了企鹅。

通过岩石可以知道南极的气候。

它们一点都不怕人类啊。

阿蒙森将南极作为征服的对象,而斯科特则将南极作为研究的对象,他为南极的研究打下了坚实的基础。

咻!

谢谢您,斯科特。

好了,现在我们也沿着他们之前走过的路,去南极点吧?

哇,我们马上就要成为首次登陆南极和北极的小朋友了。

哇

▶ 征服南极之梦——斯科特和阿蒙森

罗伯特·斯科特(1868—1912)

斯科特在1912年抵达南极点,但在回程途中不幸遇难。然而,斯科特一行人在极端严寒和饥饿的情况下,依然没有丢弃采集的岩石标本和动植物化石。这些留下来的记录和标本为南极的科学研究发展做出了巨大的贡献。

罗尔德·阿蒙森(1872—1928)

史上首位到达南极点的人。他利用狗拉雪橇和因纽特人的皮衣,以及食物补给站,以较快的速度到达南极点。征服南极后,阿蒙森接着乘坐飞艇穿越了北极,成为史上首位既通过南极点又通过北极点的人。

寻找南极点.

好，现在先来找一找南极点的位置。

地图上就是这么标记的。

地理南极（南极点）
位于海拔约2835米的冰原上

地磁南极（南磁极）
一直移动中。

啊，对了。北极也有两个，才想起来。

去哪儿呢？

我想走斯科特和阿蒙森的路线。

就去地理南极吧。

地理南极

地磁南极

可是为什么需要设置补给点呢？这样一直前进，应该不用担心食物问题呀？

问题会出现在罗斯冰架之后。

转头

从那里开始，就是绵延不断的横贯南极山脉。

横贯南极山脉

呼啦啦

呃，暴风雪越来越大。

呼啸

看不清前方了。

这个你们大可放心，极地号只要输入具体位置，就能自动带我们过去。

还好。

呼

哐当

啊？怎么啦？

天哪！
是悬崖。

吱呀

怒气冲冲

搞什么呀，叔叔，你刚才还说让我们大可放心呢？

啊，是冰缝！差点儿出大事！

不，不好意思呀。冰缝被积雪覆盖，对于探索南极的人来说，这无疑是最危险的。

一个不小心踩空的话……

直冒

冷汗

可是路断了，我们该怎么过去？

冰缝的两端被雪覆盖，形成过道，可以从那儿通过。

▶ 冰缝

　　冰缝指的是冰川断裂形成的又窄又深的缝隙。当冰川行进至窄小的谷地，紧接着进入广阔的地形时，就会形成冰缝；另外，倾斜度发生改变，或进入蜿蜒曲折的地形时也会产生冰缝。冰缝的深度一般为30～40米，不过也有更深更宽的情况。冰川的水融化，也会渗入冰缝，使其变得更深；冰川破碎产生的冰块也会掉入其中。

规模巨大的冰缝

▶ 在南极会遇到的现象

在南极，我们经常能够看见奇异的自然现象，同时也能在一瞬间处于非常危险的境地。这片被冰雪覆盖的茫茫大陆，到底有哪些神秘的现象呢？

▶ 暴风雪

南极的暴风雪，除了严寒和暴雪，更厉害的还是巨大的强风。暴风雪一旦开始，几个小时内，温度可以骤降10摄氏度以上，秒速40～80米的大风还有暴雪同时侵袭，能见度不足2～3米。人在暴风雪中移动会非常艰难；而且强风还夹杂碎片，破坏力惊人。

▶ 视野丧失

指的是大雪过后，积雪表面产生雾气，整个视野内一片白茫茫的现象。冰雪覆盖的地区，这种现象在阴天尤为严重。发生视野丧失现象后，直升机或飞机有可能撞上山头，鸟也会撞到地面。

▶ 幻日

幻日指的是阳光被云中的冰晶反射或折射，从而发生的一种光学现象。太阳的两边出现环状的淡光，好像天空中有3个太阳。有时候太阳上下还会出现光柱，称为太阳柱。

▶ 雪盲

雪盲指的是长时间看阳光下的雪地时，紫外线对眼角膜和结膜上皮造成损害而引起的炎症。一般暴露在紫外线中几个小时后，就会发生雪盲现象，轻则眼睑红肿无法睁眼，重则视力下降，甚至会导致失明。

极地会发生很多我们无法想象的神奇现象。

转头

看那里，有三个太阳。

那个就是幻日现象呀。阳光被云中的冰晶反射而产生的现象。

除了环状的，那个柱子模样的是什么？

那个叫作太阳柱。

平整的冰晶水平出现在一条直线上时，阳光被上下反射而成。

咻咻

幻日现象发生的同时出现了太阳柱。

嗯，就是这样。

好了，我们马上就要到达南极点了。

这么快？

看那些旗帜。

我们终于到了。

这根柱子所在的地方就是南极点吗?

这只是纪念用的。

就是供我们照相的地方。

纪念用?

⊙圆球标志

红白相间的柱子上立着地球仪,这是南极点的标志。《南极条约》协商国的国旗插在它的周围,是一个拍摄纪念照片的好地方。

那么实际的南极点在什么地方呢？

南极点每年都会移动约10米，因为重力的原因，覆盖在南极点上的冰层会发生移动。

所以每年都会重新测定，然后用金属杆作标记。

咻咻

我们在实际的南极点前，一起拍张照片吧。

没问题。

小白，你可得照得好点儿，这是我们征服南极和北极的宝贵纪念呀。

包在我身上！

茄子！

咔嚓

南极科考站

那座建筑物是什么？

那是阿蒙森—斯科特站，美国的南极科考站，其名称是为了纪念阿蒙森和斯科特。

在那里会进行很多南极研究吧。

就像我爸爸工作的那样？

嗯，研究自然和环境、地理特征等。

南极研究兴起还没有很长时间，可研究的东西很多。

▶ 未知的世界——南极研究

南极研究大致可分为自然研究、环境变化研究及地理特征研究等。首先，自然研究包括分析南极的苔藓、磷虾、海豹等；其次，环境变化的研究主要是因为地球的环境变化始于南极地区；最后，南极的地理特征研究，主要是通过南极的地下资源和陨石等来研究南极地理的特殊性。

在南极进行陨石研究

▶ 各国的南极科考站

许多国家在南极设立了科考站，一年之内都有人驻扎的科考站称为常驻站。南极的常驻站有37个，著名的有美国的麦克默多站、俄罗斯的沃斯托克站以及南极点附近的阿蒙森—斯科特站。此外新西兰、挪威、澳大利亚、阿根廷、智利、法国、英国、南非等国也在南极设立了科考站。韩国在南极设立了2处科考站，分别是1988年完工的世宗站和2014年完工的张保皋站。中国在南极设立了4处科考站，分别是长城站、中山站、昆仑站和泰山站。

美国麦克默多站
南极规模最大的科考站

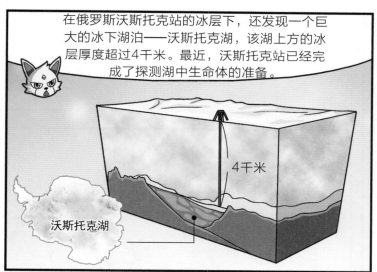

在俄罗斯沃斯托克站的冰层下，还发现一个巨大的冰下湖泊——沃斯托克湖，该湖上方的冰层厚度超过4千米。最近，沃斯托克站已经完成了探测湖中生命体的准备。

4千米

沃斯托克湖

哇，南极冰层下还有湖泊？

真是太神奇了。

嗯，沃斯托克湖被厚厚的冰层覆盖，长时间与世隔绝。一旦发现新的生物，将成为研究地球过去的宝贵资料。

太了不起了。科考站进行的研究好多呀。

所以，南极和北极一样，对人类来说是如此的重要。

嘿嘿，我爸爸也在进行这样伟大的研究哟。

罗云肯定迫不及待想见到爸爸了。

等一下！

嗯？为什么？

呃……我想去那边雪地上方便一下。

羞愧

不可以！

为……为什么？好急……

吓一跳

伸手阻止

为了防止污染，在南极尽可能不要随便丢弃垃圾和废弃物。

抽出垃圾袋

啊，浑身舒爽了。可是这个塑料袋怎么处理呢？

大小便通过生物技术分解后焚烧就可以了。

一身轻松

好了。现在急事也解决了，马上前往罗云爸爸的所在地。

好的。

咻咻

　　《南极条约》指的是确立南极法律地位，规定南极人类活动的法律体制。同时，也可指以《南极条约》为中心，所派生出来的机构和制度。该条约的主要内容是：南极洲仅用于和平目的，促进在南极洲地区进行科学考察的自由，促进科学考察中的国际合作，禁止在南极地区进行一切具有军事性质的活动及核爆炸和处理放射物，冻结目前领土所有权的主张，促进国际在科学方面的合作。《南极条约》规定，所有国家都可以在南极进行自由的研究，并保护南极的环境。加入《南极条约》的国家中，有资格的国家成为《南极条约》协商国，管理南极。中国在1985年被接纳为协商国。每年，《南极条约》协商国都会举行会议，他们都在为解决南极的各种问题而努力。

第34届《南极条约》协商国会议

与爸爸重逢

这里是研究南极矿物的地方。

哇!

这个不是化石吗?

还有陨石呢。

南极地域广大,人烟稀少,所以能够发现很多化石和陨石。另外这里的地下资源也非常丰富。

▶ 南极的地下资源

　　南极大陆被厚厚的冰川覆盖,其地下资源的数量无法准确得知。南极大陆约占地球陆地总面积的 9.4%,因此有人推断,其地下资源的数量与之成正比。研究南极的专家认为,南极地下埋藏着铁、石油、煤、金、铜、锡等矿产,其中东部地区蕴藏着数百亿吨的铁矿石。不过,限于《南极条约》的约束和南极大陆的特殊地理环境的影响,很难进行直接的调查。

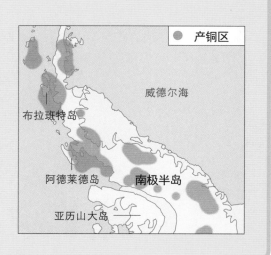

● 产铜区

威德尔海

布拉班特岛

阿德莱德岛

南极半岛

亚历山大岛

那南极的石油也很多吗？

在南极找石油可不容易。只有少数几个掌握技术的国家，进行过勘测。

实际上开发南极的地下资源，难点很多。

比如说？

首先，开发成本很高；其次，国际上更倾向于保持南极原貌，而非开发利用。

我也不希望看到南极的环境遭到破坏。

所以，人们又签订了《南极环境保护协定书》。

那又是什么？

▶ 《南极环境保护协定书》

旨在加强南极环境保护的法律体制。1991年，正值《南极条约》生效30周年，在西班牙马德里举行的第11届《南极条约》协商国特别会议上，各方正式签订该协议。《南极环境保护协定书》中强调了环境保护，内容包括科考站的检查、严禁垃圾及油类物质的排放、50年内禁止开发地下资源等。

啊，原来约定了50年内不准开发南极呀。

可是，不应该有人看着吗？毕竟可以偷偷地扔垃圾啊。

这个工作，绿色和平组织在做，它是一个全球性的环境保护团体。

绿色和平组织每年都会检查南极的各个科考站，并写成报告。

哎，只有报告书吗？

没有具体的惩罚吗？

没有惩罚，不过违反的人会受到国际舆论的谴责，他们丢不起这个脸，反而会更加严格地遵守规定。

还好。

在禁止开发南极的50年内，事先做好研究获取信息，对以后应该很有帮助吧？

啪啪

嗯，对！

你都能想到这儿，真是不可小觑现在的小朋友呀。

嘿嘿，大家都这么说。

喊！

我们现在在南极努力地积累资料进行研究，正是出于这个考虑。对于稍晚进行南极研究的国家来说，50年的时间太重要了，不可错过。

爸爸，我真为你感到自豪。

太酷了！

想要前往南极科考站，必须通过如下严苛的程序。

健康检查

南极的气象条件和自然环境都非常恶劣，而且在危急的情况下，也没有立刻处理的医疗设备，因此在出发前，必须进行严格的健康检查。

极地安全及环境教育

南极气温很低，而且非常危险，因此有访问南极计划的人员，必须接受由极地研究所组织的极地安全与环境教育。

政府的许可

一般人首先要向极地研究所提交《极地科考站访问申请书》，得到批准后，接着向外交通商部提交《南极活动许可申请书》，得到其批准后才能成行。

快点去南极。

极地科考站访问申请书

体检合格证明书

极地的馈赠

祝你生日快乐，祝你生日快乐……

最亲爱的爸爸，祝你生日快乐！

爸爸，这是我送给你的生日礼物。

我很喜欢。谢谢你，罗云。

大叔，我把最喜欢的娃娃送给你。

我的礼物是像我一样的娃娃。

谢……谢谢啦！

好了。下面我们来拍一张团体纪念照片。一，二，三！

爸爸的生日——与世宗科考站研究人员一起

好了，我们就此告别吧。

罗云，快点上车。

爸爸，我走了。

哒哒

我们韩国再见。

我决定了，以后要像爸爸那样，成为一个南极研究员。

你要成为南极研究员？

当然啦！极地很珍贵，我要守护它。

那我也想当北极研究员。

看来，我也不用担心南极和北极的未来了。

心满意足

这是什么话？导演也要一起呀！

说得对。叔叔现在应该回去努力地工作，尽早让纪录片被更多的人看到。

哒哒

唉，现在的小朋友都这么残忍吗？都不给人休息的时间。

哈哈，我该做点什么呢？

北极和南极

鲸

生活在海中的鲸目哺乳动物。一般来说，鲸指的是鲸目中体形较大的种类。鲸分布在全球各大海洋中，也包括一部分热带湖泊和江河。鲸目分为三个亚目：古鲸亚目有牙齿，已经灭绝；齿鲸亚目也有牙齿，约有70余种，主要有抹香鲸、虎鲸、海豚、无喙鼠海豚等；须鲸亚目共有13种，包括灰鲸、长须鲸、座头鲸等。现存的两个亚目，主要通过头部形状和牙齿的性质进行区分。大部分的齿鲸具有一定形态的单功能牙齿，数量在2～300颗之间。须鲸没有牙齿，通过鲸须板来滤食小的生物。鲸须板是附着在鲸上颌的长毛角质突出物。鲸由陆地肉食动物进化而来，身体末端较尖，尾巴向水平方向扩展，形成一对大的尾叶，尾叶上下摆动提供向前的推动力；胸鳍呈橹状，在游泳时起到平衡作用。

须鲸中的弓头鲸

涅涅茨人

生活在俄罗斯北部的族群，其生活范围西邻白海，东到泰米尔半岛，南接萨彦岭，北靠北冰洋。他们自称"涅涅茨"，意为"人"，主要以驯养驯鹿为生，吃驯鹿的肉和血，用驯鹿的毛皮来御寒。拥有同一祖先的氏族，使用同一种氏族象征和标志物，而且共同拥有土地。同一氏族内不通婚，女性处于从属地位。

猛犸象

象科猛犸象属动物，现已灭绝，除大洋洲和南美洲外，世界各个大陆的沉积层中均发现其化石。在冰川的深缝中，有时候会发现保存完整的猛犸象化石，这有助于人们了解其身体构造。猛犸象身上披着黑色的细密长毛，耳朵比大象小，可以防止热量散失，以适应严寒的气候。

猛犸象的复原图

《南极条约》

旨在规定南极为非武装地区，仅用于科学研究的国际条约。华盛顿会议后，12国签署该条约。此后，其他国家陆续加入。《南极条约》禁止在南极地区进行一切具有军事性质的活动及核爆炸和处理放射物的行为，冻结对南极洲的任何领土要求。中国在1983年加入该条约，并于1985年成为《南极条约》协商国。

极昼

两极附近地区出现的太阳不落于地平线以下的现象，即全天24小时都是白天。这是地球自转轴倾斜于地球的公转轨道面而产生的。春分过后，北极点附近就会出现极昼，此后极昼范围越来越大，至夏至日达到最大，边界到达北极圈；夏至日过后，极昼范围开始缩小，至秋分日缩至北极点。南极相反。越靠近南北极点，极昼持续的时间越长，南北极点的白天甚至可以长达半年之久。

本部分内容节选自《大英百科全书》中有关 "北极和南极" 的条目。
如需更多详细和深入的内容，请参考《大英百科全书》。

极地的极昼现象

北极

地球自转轴的北端及周边地区。与南极不同的是，北极以北冰洋为中心，周边被格陵兰岛等岛屿以及北美和亚欧大陆环绕。北极的自然环境特征有冬夏温差大、高地积雪终年不化、低地有苔原和灌木林、地下有永冻层、地表土层夏季外露。20世纪中后期以来，国际上对北极也越来越关注，纷纷建立气象研究基地，并研究其地下资源。

南极

地球自转轴的南端。地理南极（南极点）不同于指南针所指的阿德利海岸或地磁南极。南极点位于海拔2835米的冰原上，其中冰层厚度约2880米。一年中有6个月是白天，6个月是黑夜。1911年12月14日挪威探险家阿蒙森首次在南极点留下足迹，第二年英国探险家斯科特也到达，1929年美国的探险家罗伯特·E·伯德到达南极点。

北冰洋

世界上最小的大洋，几乎全部位于北极地区。16世纪以来，大批探险家沿着西北航道北上北冰洋。随着北极石油和矿产的开采，越来越多的人来到北冰洋，而北极的科学研究也如火如荼。栖息在北冰洋的野生动物，最多的是大型海洋哺乳动物，而鱼类主要有北极鲑鱼等。北冰洋面积达1310万平方千米，最大深度5527米。

暴风雪

极端低温，伴随着狂风及暴雪的天气。美国气象局给出的定义为：风速每小时在51千米以上，下雪导致能见度在150米以下的极端天气。强暴风雪时，风速每小时达到72千米以上，温度下降至零下12摄氏度以下。南极的暴风雪天气来临时，冰原的边缘风速可达每小时160千米。

暴风雪天气

冰架

与陆地相连并漂浮在海上的大规模冰体，由陆地冰川向大海延伸而成。冰架随着其表面积雪的累积而越来越大，数百万年来大体维持比较稳定的状态。如今冰架仅存在于南极地区。

冰山

冰山是指从冰川或极地冰盖临海一端破裂，落入海中漂浮的巨大冰体，有相当的部分隐藏在水下。冰山呈褐色、草绿色等多种颜色，主要取决于冰山的来源——冰川中的沉积物和浮游生物的颜色。

冰川

积雪再次冻结而成，在自身的重力和压力下，经过压实、重新结晶、再冻结等过程形成的巨大冰体。冬天的积雪直到夏天还未融化，就会形成冰川。目前，冰川仅存在于高山地区和极地。99%的冰川集中在南极大陆和格陵兰岛，其余的广泛地分布在除去大洋洲的各个大陆，以及高纬度地区的岛屿。

破冰船

破冰船是用于破碎水面冰层，开辟航道的船舶。破冰船冲上冰面，利用自身的重量来破碎冰层，因此其船首的形状与破冰密切相关。大马力、强船体、不粘连（冰块不会附着在船表面）是破冰船的三大特征。在南极设立科考站的国家中，只有韩国和波兰没有本国的破冰船，不过在2009年6月15日，随着Araon号下海，韩国也成为破冰船保有国。

韩国的首艘破冰船——（Araon）号

驯鹿

偶蹄目鹿科驯鹿属下的唯一一种动物，主要生活在北极地区。在一些地区，驯鹿成为一种家畜。同其他鹿科动物不同的是，驯鹿无论雄雌，都有鹿角。雌鹿的角较小，鹿角长且向前的分枝不多。驯鹿善于游泳，总是成群行动。根据季节，它们往返于冬夏两个栖息地。在西伯利亚山中，驯鹿还被用作役畜，以供驮运和骑乘。

主要以地衣类为食的驯鹿

斯科特

罗伯特·斯科特（1868—1912），英国海军军官、探险家。1911年10月24日，斯科特一行11人带着摩托雪橇、西伯利亚小马等装备，通过陆路前往南极点。结果由于天气非常恶劣，且食物和燃料耗尽，最后不幸遇难。1912年，搜查队发现了斯科特的日记本，上面有斯科特所有的旅行记录。因其大无畏的勇气和爱国心，斯科特被奉为国家英雄，而他的夫人也被授予骑士爵位。

阿蒙森

罗尔德·阿蒙森（1872—1928），挪威探险家。他是首位抵达南极点的人，并乘坐飞艇首次横跨北极点。

阿留申人

生活在阿留申群岛及阿拉斯加半岛西部地区的原住民，有3种方言，可以互通。阿留申人主要猎食海豹、海獭和海狮等，20世纪后期，他们传统的共同体文化几乎崩溃。

极光

极光出现于南北半球的高纬度地区上空，是一种绚丽多彩的发光现象。太阳风携带的大量带电粒子到达地球，被地球的磁场捕获。带电粒子使高层大气中的氧原子或氮原子发生电离，释放能量从而发出极强的光，这就是我们所看到的多彩的极光。

极地高层大气中出现的极光

雪屋

北极原住民为越冬或狩猎而临时建的房子。冬天的时候，一般用冰块和积雪做墙砖，堆垒成圆顶形状，而夏天则用海狗的皮（最近使用布）来建个窝棚。雪屋的大小不一，大多适合一个家庭居住，熟练的原住民在1～2个小时内，就可以建起雪屋。

用冰雪堆垒的圆形雪屋

地球磁场

地球磁场具有两个显著的特征。一是存在磁偏角，即罗盘的指针所指的方向，与地理北极并不重合，不同的地方会产生不同的偏角。这说明地球磁场十分复杂。二是地球磁场随着时间的流逝，会发生变化。这种变化没有一定的规律，也没有周期性。已知的证候显示，地球磁场是由外核产生的电流形成的，而外核由金属成分的气体和液体构成。地球磁场的变化，就是指外核物质发生移动而产生的变化。

地衣类

菌类和藻类共生的植物，地衣类很容易和苔藓类混淆。通过显微镜观察，在霉菌菌丝体内，夹杂着数百万个藻类细胞。地衣类有25000余种，能够在任何物质的表面生长，主要的栖身之处有树皮、岩石、泥土、石头等。

依附生长的地衣类

苔原

极地和高山地区中，地势平缓，没有树木的土地。北极地区的苔原约占全球苔原总面积的10%。苔原年均降水量不超过380毫米，其中的植物分布稀疏，大部分为苔藓和地衣，还有种类不多的多年生禾本和草本。

北极的苔原地带

企鹅

企鹅目企鹅科下的游禽。企鹅不会飞，在陆地上行动缓慢，而在水中则是游泳健将。一般一次产卵1～2枚，雄雌企鹅轮流孵蛋，一方出去觅食时，另一方待在巢穴。刚出生的小企鹅，以父母喂给的企鹅奶为食，长到一定程度的小企鹅会成群结队地在一起，就像上幼儿园一样。

正在吃企鹅奶的帝企鹅幼崽

图书在版编目（CIP）数据

神秘极地大冒险 / 韩国波波讲故事著；（韩）金德英绘；
章科佳译 . — 长沙：湖南少年儿童出版社，2016.8（2022.1重印）
　（大英儿童漫画百科）
ISBN 978-7-5562-2661-0

Ⅰ . ①神… Ⅱ . ①韩… ②金… ③章… Ⅲ . ①极地 – 探险 –
儿童读物 Ⅳ . ① N816.6-49

中国版本图书馆 CIP 数据核字 (2016) 第 160517 号

大英儿童漫画百科⑬·神秘极地大冒险
DAYING ERTONG MANHUA BAIKE ⑬ · SHENMI JIDI DAMAOXIAN

策划编辑：周　霞	责任编辑：刘艳彬	
质量总监：郑　瑾	封面设计：陈姗姗	文字统筹：王海燕

出版人：胡　坚
出版发行：湖南少年儿童出版社
地址：湖南长沙市晚报大道89号　　邮编：410016
电话：0731-82196340（销售部）82196313（总编室）
传真：0731-82199308（销售部）82196330（综合管理部）

经销：新华书店
常年法律顾问：北京市长安律师事务所长沙分所　　张晓军律师
印制：湖南天闻新华印务有限公司
开本：889 mm × 1194 mm　1/16　印张：10.75
版次：2016年8月第1版
印次：2022年1月第19次印刷
定价：35.00元